科学食用
保健康
——保健食品的选择

国家食品药品监督管理总局
北京市惠民医药卫生事业发展基金会 组织编写

中国医药科技出版社

图书在版编目（CIP）数据

科学食用保健康：保健食品的选择/国家食品药品监督管理总局，北京市惠民医药卫生事业发展基金会组织编写 . —北京：中国医药科技出版社，2015.2

ISBN 978 - 7 - 5067 - 7275 - 4

Ⅰ. 科…　Ⅱ. ①国…　②北…　Ⅲ. ①疗效食品 - 基本知识　Ⅳ. ①TS218

中国版本图书馆 CIP 数据核字（2015）第 016978 号

美术编辑　陈君杞

版式设计　郭小平

出版　中国医药科技出版社

地址　北京市海淀区文慧园北路甲 22 号

邮编　100082

电话　发行：010 - 62227427　邮购：010 - 62236938

网址　www. cmstp. com

规格　710 × 1020mm ¹⁄₁₆

印张　15 ¾

字数　181 千字

版次　2015 年 2 月第 1 版

印次　2016 年 8 月第 3 次印刷

印刷　北京市密东印刷有限公司

经销　全国各地新华书店

书号　ISBN 978 - 7 - 5067 - 7275 - 4

定价　**38. 00 元**

编委会

序

随着社会经济的发展，人民生活水平的提高，人们对于健康的关注也日益增强。以传统中医养生理论为主要基础的功能食品和以营养素补充为基础的膳食补充剂组成的保健食品，已成为公众追求健康的主要消费选择。我国的保健食品发展始于 20 世纪 80 年代，直到 1995 年颁布《中华人民共和国食品卫生法》，才确定了保健食品的法律地位。近年来，在各级保健食品监管部门的共同努力下，保健食品监管工作取得了积极的进展，保健食品安全保障水平逐步提高。但同时应当看到，当前保健食品市场上还存在不少问题，各种违法违规行为屡有发生，质量安全事件也时有曝光，特别是减肥、辅助降血糖等功能保健食品违法添加药品、普通食品声称保健功能的现象非常普遍。胶囊剂、片剂等形态的其他食品与保健食品产生混淆，消费者难以区分，这也在一定程度上给保健食品市场带来混乱。市场上产品质量良莠不齐，虚假、夸大宣传误导了消费者，使人们对保健食品的认识及选择产生误区。

2009 年颁布实施了《中华人民共和国食品安全法》，明确要求国家对保健食品实行严格监管。为做好保健食品监管工作，国家食品药品监督管理总局在立法调研、配套规章、技术规范、标准完善及产品审批、强化市场监管等诸多方面做了大量工作的基础上，紧紧抓住向公众进行科普宣传教育这一中心环节，立项开展"科学食用保健食品"科普宣教活动，以推动保健食品知识的广泛普及。并委托以"关注民生、促进健康"为宗旨的北京市惠民医药卫生事业发展基金会组织编写《科学食用保健康——保健食品的选择》一书，配合《保健食品监督管理条例》的宣传贯彻，在全国大中城市有计划、广覆盖地进行全员培训。

北京市惠民医药卫生事业发展基金会十分重视该书的编写工作，邀请了保健食品领域的营养、中药、微生物、临床等各方面权威专家进行编写，按照权威性、系统性与普及性的原则，有针对性地回答了保健食品的认识及选用问题；用通俗、易懂的语言，按功能分类，全面地阐述了如何科学、合理地选择、食用保健食品。该书的出版必将对提升公众对保健食品的理性消费水平，促进保健食品行业的持续健康发展有积极的推动作用，对配合国家食品药品监督管理总局强化监管、保证使用安全具有十分重要的现实意义。

健康是人类永恒的追求。保健食品是与人体健康密切相关的产品，保证保健食品安全，保障广大人民群众身体健康不仅是政府监管部门的责任，也是全社会的共同责任。我们相信，中国的保健食品产业在社会各界共同的努力下，一定会有一个美好的未来。

特此作序。

2014 年 7 月

保健食品在我国的发展始于 20 世纪 80 年代，1993～2000 年进入高速发展阶段，到 2011 年，产值达到了 2600 多亿元，市场发展迅猛。国家相关管理部门在 1995 年颁布的《中华人民共和国食品卫生法》中，确定了保健食品的法律地位；1996 年《保健食品管理办法》和 2005 年《保健食品注册管理办法（试行）》的颁布实施，形成了保健食品审批制度，对市场的规范和成熟起到了良好的推进作用。随着市场的成熟，公众知识水平的不断提高及对自身健康的关注度不断上升，对优秀产品的需求也不断增高。如何指导消费者科学、合理食用保健食品是迫切需要解决的问题。这是由于：一方面，保健食品从一个新生事物发展到具有成熟的市场，从技术、政策、监管等多个层面均是一个不断完善的过程；另一方面，是权威性指导资料的缺乏，使消费者受到了不良市场行为的误导。因此，编制指导性材料，向公众普及保健食品相关知识，提升公众对保健食品的认识及消费水平，是促进保健食品市场持续健康发展的一个重要环节。

国家食品药品监督管理总局作为政府直接管理部门，致力于对保健食品市场的规范与完善，特别是在 2009 年颁布实施了《中华人民共和国食品安全法》，明确要求对保健食品实行严格监管之后，在立法调研、配套规章、技术规范、标准完善及产品审批、强化市场监管等诸多方面做了大量工作。同时，也抓住向公众进行科普宣传教育，提升消费者辨识能力这一环节，立项开展"科学食用保健食品"科普宣教活动，委托以"关注民生、促进健康"为宗旨的北京市惠民医药卫生事业发展基金会组织编写《科学食用保健康——保健食品的选择》一书。

北京市惠民医药卫生事业发展基金会作为关注公众医药卫生健康事业的非政府组织，在国家食品药品监督管理总局指导下，组织保健食品领域的权威专家参与编写，按照权威性、系统性、普及性的编写宗旨，认真实施本书的编写工作。本书着重对保健食品的认识及选用问题进行回答，包括功能诠释、产品分类、不同人群选择原则等几部分内容，用通俗、易懂的语言，全面地阐述了如何科学、合理的选用保健食品。

《科学食用保健康——保健食品的选择》的出版必将对提升公众对保健食品的理性消费水平，促进保健食品行业的持续健康发展有重要的现实意义，也是国家食品药品监督管理总局强化履行政府职能的重要举措。

编　者

2014 年 7 月

目录

第一章

总 论

第一节
保健食品基本常识

一、保健食品基本概念

（一）什么是保健食品

顾名思义，保健食品首先是食品，其次应该具有保健功能，它是经过国家有关部门的科学评价和注册批准，并颁发证书的一类产品。

2005 年 7 月施行的《保健食品注册管理办法（试行）》规定，保健食品是指声称具有特定保健功能或者以补充维生素、矿物质为目的的食品。即适宜于特定人群食用，具有调节机体功能，不以治疗疾病为目的，并且对人体不产生任何急性、亚急性或者慢性危害的食品。2009 年 6 月施行的《中华人民共和国食品安全法》规定，国家对声称具有特定保健功能的食品实行严格监管。

保健食品是一类特殊的食品，配料中可以使用食品原料、食品添加剂等。同时，为保证其具有保健功能，也可以使用相关法规允许作为保健食品原料的物质。

保健食品具有并声称一些特殊的生理调节功能。这些功能声称的范围和名称用语经历了一个逐渐变化的过程，但始终是受到严格的管理和限定的。目前允许注册申请的特定保健功能有 27 项，包括：增强免疫力、辅助降血脂、辅助降血糖、抗氧化、辅助改善记忆、缓解视疲劳、促进排铅、清咽、辅助降血压、改善睡眠、促进泌乳、缓解体力疲劳、提高缺氧耐受力、对辐射危害有辅助保护功能、减肥、改善生长发育、增加骨密度、改善营养性贫血、对化学性肝损伤有辅助保护功能、祛痤疮、祛黄褐斑、改善皮肤水分、改善皮肤油分、调节肠道菌群、促进消化、通便、对胃黏膜损伤有辅助保护功能等。

目前，我国将补充维生素和矿物质的营养素补充剂纳入了保健食品管理，同样采用注册管理。

（二）不要混淆"保健食品"与"保健品"

面对市场上存在的各种"保健品"和保健食品，消费者完全有必要学会辨别什么是合法的保健食品。所谓"保健品"，是一种民间称谓，泛指各种声称对人体具有保健功能的产品，其中包括一些普通食品。"保健品"和"保健食品"最大的区别在于产品所声称的保健功能是否符合国家规定，并经国家行政主管部门注册批准。市场上的"保健品"五花八门，声称的保健功能更是无奇不有，有很多已经超越了国家允许的范围，甚至伪装成药品，大肆宣传对疾病的治疗作用。而合法的保健食品受到国家法规的约束，经过一定的科学评价，其功能作用的宣传也受到严格限制。

小贴士	**保 健 食 品** 《中华人民共和国食品安全法》第五十一条规定：国家对声称具有特定保健功能的食品实行严格监管。有关监督管理部门应当依法履职，承担责任。具体管理办法由国务院规定。声称具有特定保健功能的食品不得对人体产生急性、亚急性或者慢性危害，其标签、说明书不得涉及疾病预防、治疗功能，内容必须真实，应当载明适宜人群、不适宜人群、功效成分或者标志性成分及其含量等；产品的功能和成分必须与标签、说明书相一致。

由于对两者认识的混淆，目前，公众对规范的保健食品存在一定

的误解，甚至延伸到对国家有关政策的质疑，违背了现有的科学认识。

（三）保健食品的标志

保健食品的标志如下图，其中所标示的批准文号可以分别在国家卫生和计划生育委员会和国家食品药品监督管理总局的网站上查到。

保健食品
卫食健字（年份）第***号
中华人民共和国卫生部批准

2003年以前的国产保健食品批准文号、保健食品标识

保健食品
卫食健进字（年份）第***号
中华人民共和国卫生部批准

2003年以前的进口保健食品批准文号、保健食品标识

保健食品
国食健字G200＊＊＊＊＊
国家食品药品监督管理局批准

2004年以后的国产保健食品批准文号、保健食品标识

保健食品
国食健字J200＊＊＊＊＊
国家食品药品监督管理局批准

2004年以后的进口保健食品批准文号、保健食品标识

二、保健食品与普通食品、药品（OTC）的区别

小贴士

普 通 食 品

　　指供人类食用的，不论是加工的、半加工的或未加工的任何物质，包括饮料、胶姆糖，以及在食品制造、调制或处理过程中使用的任何物质；但不包括化妆品、烟草或只作药物用的物质。

——国际食品法典委员会

保健食品、普通食品、药品三者之间存在着一定的关联，但又有着本质的区别。

小贴士	**药 品** 《中华人民共和国药品管理法》中对于药品的定义为：药品是指用于预防、治疗、诊断人的疾病，有目的地调节人的生理功能并规定有适应症或者功能主治、用法和用量的物质，包括中药材、中药饮片、中成药、化学原料药及其制剂、抗生素、生化药品、放射性药品、血清、疫苗、血液制品和诊断药品等。

食品，是指各种供人食用或者饮用的成品和原料以及按照传统既是食品又是药品的物品，但是不包括以治疗为目的的物品。普通食品没用食用人群限定，为人体生长发育、新陈代谢提供营养，对食用量一般不作规定。

保健食品是食品的一个特殊种类，介于食品与药品之间，适宜特定人群食用，具有调节人体功能的作用，但不能治疗疾病，长期使用对人体不产生任何急性、亚急性或慢性危害，对食用量有所规定。

药品是用于预防、治疗、诊断疾病的物质。有明确的治疗目的，并有确定的适应证和功能主治，允许存在一定的副作用，有规定的使用剂量和使用期限。

此外，保健食品不同于普通食品、又相似于药品的一个特点是一些产品的胶囊、片剂等制剂形式。这种情况主要适应了市场的需求，满足消费者能够方便摄取所需补充的营养素和生理功能调节物质。

不论制剂形式如何，保健食品都应该视作食品，是日常饮食的一个组成部分，可以作为膳食的良好补充，这样才能更科学地认识保健食品的安全性和功效性。即使是制剂形式的保健食品，也不能与药物混同，虽然有些消费者将保健食品用于改善健康的状况，降低疾病发生的风险，但这些都是饮食保健的一部分，其发挥作用的途径和方式与药物也不尽相同，因此不能替代药物。

以往市场上很多"保健品"和一些不规范经营的保健食品夸大宣传，之所以能够误导消费者，究其根源，一定程度上可以归因于商家利用消费者急于治病的心理，造成消费者对虚假宣传的盲信，以为这些产品可以解决所有健康和疾病问题。其实，不论是现代医学的研究，还是中国传统医学的经验，都一致认为合理饮食是治疗和预防疾病、促进健康必不可少的关键因素。因此，谈到保健食品，毋庸置疑，均衡、合理和健康的饮食是其保健功能作用的立足之本和前提。

面对市场上声称具有保健作用的各种产品，有些是食品，有些是保健食品，有些是药品，还有不少不规范的保健品，消费者如何区分，正确选择购买保健食品，可以从以下四个方面入手：

（一）看外形

从包装形式和产品规格看，多数药品是片剂、丸剂、胶囊等制剂形式，比较容易和食品相区分，但是保健食品既可以是药品的形式也可以是普通食品的形式，单纯看外观，很难区分。所以一定要阅读标签，才能进一步辨别药品与制剂形式的保健食品或者食品形式的保健食品。

（二）读标签

一个正规的产品必然在包装上印有标签，如果在食品形式产品的标签上找到保健食品标志，就可以区分出保健食品和普通食品；如果从标签上找到保健食品或药品的特有标志，两者的区分不言而喻。除了标有产品名称、批准文号及主要原料外，保健食品的标签还标注有保健功能、食用量、适宜人群、不适宜人群和注意事项等内容，供食用时参考。

至于那些制剂形式的"保健品"，如果没有仿冒，既没有保健食品的标志，也没有药品的标志，它们是否属于食品呢？如果在其标签上找到保健作用的描述，甚至治疗疾病的文字，说明生产商没有按照国家的法律法规标识产品，其诚信度高度可疑。

一些食品的标签上没有保健食品标志，但是也印有诸如"钙有助于骨骼和牙齿的发育"、"铁是血红细胞形成的因子"、"锌有助于改善食欲"等字样，这不同于保健食品中产品所标示的保健功能声称，属于营养知识的告知，告诉你这些营养成分具有的生理功能，但是不代表该产品具有这样的功能。我们还可以从这类产品的标签上看到，其营养声称中提到的营养素含量较高，这有助于改善该营养素的膳食供给。

（三）思安全

保健食品属于食品，其安全性的要求也参照食品安全的标准，长期适量食用，一般不会产生不良反应。这不同于药品，药品更常用于病人，服用时间不一定很长，但可能会产生某些不良反应，甚至有一定毒性。

尽管保健食品安全性很高，但同食品一样，也不是在任何条件下、任何人、任何时间、食用任何数量都百分之百地安全。例如儿童与老年人相比，营养素的需要量不同，儿童食用老年人的维生素，有过量之虞；儿童、老人适用的保健功能也不同，老年人常用的补益产品，儿童服用后可能会出现不适症状。再例如，润肠通便的产品适用于便秘者，正常人食用可能引起腹泻。因此，一定要参照产品标签和说明书中载明的内容食用保健食品，自己的保健需求要同时考虑产品保健功能、适宜人群、不适宜人群和注意事项等。

(四) 辨功效

食品、保健食品和药品都可以具有调节某些生理功能的作用。食品和保健食品调节生理功能作用的产生较药品复杂，可能有多条途径，在体内也可能在多个部位起效，而且这种作用表现得相对温和缓慢，因此在研究食品的保健作用时，其复杂性和难度远远大于药物。药物的作用通常是一对一的，有如一个萝卜（药物）一个坑（身体靶器官），"萝卜"的长相和"坑"的位置都很清楚，"萝卜"进入体内如何找到"坑"，用多少"萝卜"占住多少"坑"，又会产生多大作用，"萝卜"的长相在体内会发生什么变化等等，所有这些问题都能说清楚，因此可以相对准确地对症下药，一定条件下，也能收到药到病除的效果。

然而，健康和疾病问题远远不是一个"萝卜"一个"坑"那样简单；而且由于当前医药学发展的局限，现在发现的药物（"萝卜"）及其作用的靶器官（"坑"）仅有几百个，远远不能应付医学上碰到的复杂情况。另一方面，虽然我们说不清食品中调节生理功能的"萝卜"长得什么样子，更说不清它们到了体内坐在哪个"坑"上，但是却可以看到健康和疾病状况的改善。保健食品通过与食品的结合，或者通过补充食品的某些成分的不足，起到辅助和加强食品这些调节生理功能的作用。

在通过以上四个方面对食品、保健食品和药品的辨别以后，如何选择和采购保健食品的原则也就明晰了。对于处方药，一定是在医生指导下用于治疗疾病，因此没有消费者自我选择的考虑；而非处方药，也应该是针对具体的病症，根据药品的说明书，参考药师的建议选用。对于保健食品，则可以结合产品的特定保健功能和自己保健需求参考本书后面的内容选用。唯一的提醒：保健食品是我们日常饮食的一部分或者补充，其保健功能与合理均衡的膳食互补，才能相得益彰。

注意平时营养均衡的饮食、有规律的生活习惯、适时适量的运动，保持开朗的性格，才是健康的根本保证。

第二节
我国保健食品的发展与管理

一、保健食品发展历史沿革

"保健食品"曾作为一些凭票供应的紧缺食品的代名词，出现在有关劳动保护的文件中。虽然这类用于食用、出于保健目的生产、销售和消费称作"保健食品"的产品，至少在20世纪80年代就已出现，但按照特定保健功能定义的保健食品则是在1995年《中华人民共和国食品卫生法》颁布施行以后才出现的。

改革开放以后，随着社会经济的发展，政府也更加重视改善人民营养的工作。1993年国务院发布的《九十年代中国食物结构改革与发展纲要》中指出："要重点发展'营养、保健、益智'的妇幼食品、学生食品、老人食品、保健食品"。一方面，市场上出现了大量可供消费者自主选择的保健类产品，另一方面，一些企业经营不规范，在营销过程中直接或间接宣称保健甚至治疗功效，直接促进了政府监管的全面介入，从而推动了国家有关保健食品立法和监管制度的出台。

保健食品产业是在我国市场经济繁荣发展的大背景下不断壮大的，而保健食品监督管理的法律法规和制度的建立健全过程，既反映出这种产业和市场经济的发展，也体现了公共政策和制度保护消费者权益的基本出发点。这一过程大致可以分为三个阶段。

（一）第一阶段：改革开放初期，聚焦于食用安全的监管

这一阶段始于 20 世纪 70 年代末我国的改革开放，至 1995 年《中华人民共和国食品卫生法》实施，与当时的经济改革类似，对于保健类食品的监管也处在一个探索的过程中。

1982 年，全国人大通过《中华人民共和国食品卫生法（试行）》，该法第八条规定，"食品不得加入药物"，强调政府监管的重点是保证食品无害，不得加入药物以避免药物的不良反应。

1987 年 8 月 18 日，卫生部发布《食品新资源卫生管理办法》，目的在于保证新进入市场的食品及其产品的食用安全。

1987 年 10 月 22 日，卫生部发布《禁止食品加药卫生管理办法》，规定禁止在食品包装、标签、说明书或广告上标注"疗效食品"、"保健食品"、"强壮食品"、"补品"、"营养滋补食品"或类似词句，严格限制了暗示食品功能的声称。

1987 年 10 月 28 日，卫生部发布《中药保健药品的管理规定》，授权各省级卫生行政部门审批"卫药健字"中药保健药品。

由此，构建了食品和药物分类管理的基本框架，将任何保健功能的声称归入药品的管理，食品管理主要在食用安全性上。但是，对于食品健康声称的管理，存在着一定程度的缺位，不能有效地规范各种食品的功能宣传。因此，在社会有关方面推动下，保健食品的许可制度随着《食品卫生法（试行）》的修订开始筹划。

（二）第二阶段：针对安全和保健功能的产品监管

这一阶段覆盖从 1995 年《中华人民共和国食品卫生法》实施到 2009 年《中华人民共和国食品安全法》的取代，经历了保健食品监管制度建立和完善的过程。

1995 年，《中华人民共和国食品卫生法》发布，规定保健食品为"表明具有特定保健功能的食品，其产品及说明书必须报国务院卫生行政部门审查批准"，由此确定了保健食品的法律地位和监管框架。

1. 注册许可制度 1996 年卫生部发布实施《保健食品管理办法》，同时配套发布了一系列管理办法、审批程序、检验方法、技术规定、卫生标准等规范性文件和技术要求，为"卫食健字"保健食品产品的审批提供了法律依据、行政操作程序和科学技术支持。同年，开始对保健食品、保健食品说明书实行审批。2003 年国务院调整各部委的职能，卫生部停止保健食品的审批，新组建的国家食品药品监督管理局开始承担保健食品注册行政许可工作。

保健食品审批和许可制度建立之初，保健功能的名称和内容及其管理经历了一个发展过程。历年法定保健功能的分类变化见表 1 −1。

表 1 −1 历年法定保健功能项目数

时间	1996 年	1997 年	2000 年	2003 年	2005 年
功能项目数	12	24	22	27	27 + 允许申报新功能

随着科学技术的发展，保健食品审批制度的健全，卫生部于 2003 年发布了《保健食品检验与评价技术规范》（2003 年版），重新调整功能名称用语，将皮肤和胃肠道有关的保健功能分别列出，允许申报保健功能改为 27 项（表 1 −2）。

表 1 −2 目前允许申报的保健功能

增强免疫力	辅助降血脂	辅助降血糖
抗氧化	辅助改善记忆	缓解视疲劳
促进排铅	清咽	辅助降血压
改善睡眠	促进泌乳	缓解体力疲劳
提高缺氧耐受力	对辐射危害有辅助保护功能	减肥
改善生长发育	增加骨密度	改善营养性贫血
对化学性肝损伤有辅助保护功能	祛痤疮	祛黄褐斑
改善皮肤水分	改善皮肤油分	调节肠道菌群
促进消化	通便	对胃黏膜有辅助保护功能

同期，从 2002 年起分 3 批共撤销了 1959 种中药保健药品的批准文号，促使部分制药企业转向研究开发保健食品，影响了其后、直至今天保健食品的发展走向。

保健食品管理的基本出发点是保证安全，然而保健食品在市场上的卖点在于保健功效，而这种功效的认定又常常受到科学认识上的局限，再加上生产经营者的虚假夸大宣传，因此在保健食品监管制度的建立和完善过程中，始终伴随着社会上对保健食品功效的质疑和批评。

2. 生产经营监管　随着保健食品产业的快速发展，市场上的产品开始出现良莠不齐的现象，甚至有不少套号、假冒伪劣产品，还有按照特殊膳食标准生产销售的产品，主要为胶囊剂、片剂等制剂形式，没有保健食品的批准证书，却貌似保健食品，常常随意声称特定保健功能。在一定程度上，混淆和误导了社会对保健食品的认识，招致社会上对保健食品监管的各种批评，认为保健食品市场混乱。

在保健食品审批制度建立的初期，国家工商局就针对市场上存在的问题提出了《保健食品市场整治工作方案》，规范同类产品的生产经营。随后卫生部、国家质量监督检验检疫总局也配套出台了生产和经营相关的一系列管理规定，明确了保健食品生产加工的各项规定，强化了保健食品的生产管理。作为保健食品重要监管主体的卫生部，每年都要进行市场抽检，多次查处并撤销违法的保健食品批准证书。

上市前的许可和上市后的监管是一个事物密切相关的两个方面，在保健食品的立法中，两者均被作为制度设计的重点。但同我国许多产品管理中存在的情况类似，两者在实施中的衔接却存在一定的问题。

2003 年以后，保健食品的监管分设在国务院的几个部门，国家食品药品监督管理总局负责产品注册；卫生行政部门负责生产经营卫生许可，有的企业在取得生产经营卫生许可的同时，还需要获得质量监督检验检疫部门的生产许可；工商和卫生行政部门共同负责市场的监督。这种监管模式，一方面增加了企业的负担，同时也增加了监管中衔接的难度。

另一个涉及保健食品行业比较重要的法规为 2003 年国务院颁布的《直销管理条例》，这个法规规范了保健食品的店铺外销售模式。采取直销模式的保健食品生产经营企业获得了迅速的发展。

（三）第三阶段：食品安全重压形势下的严格监管

2009 年 6 月 1 日，《中华人民共和国食品安全法》正式实施，是这一阶段开始的标志。其中，第五十一条明确规定，国家对声称具有特定保健功能的食品实行严格监管。因此，建立健全以至于改革保健食品的监管体系无疑成为这一阶段监管工作的必然选择。《中华人民共和国食品安全法》实施条例规定食品药品监督管理部门负责对保健食品实行严格监管，确定了国家食品药品监督管理总局为保健食品监管的主要行政管理部门。

为了加强注册和技术审评工作，国家食品药品监督管理总局发布了进一步加强保健食品注册管理的一系列法规，以提高技术审评的公开、公正、公平和透明。在行政许可环节，国家食品药品监督管理总局强化了批准产品的质量保障措施，在颁发保健食品证书的同时，随附产品质量技术要求，有效地衔接了产品注册和生产经营监管。

国家食品药品监督管理总局接手保健食品生产经营的监管以后，应对监管工作中暴露出来的原料存在的安全隐患，在注册、原料标准和生产的监督几个环节采取了措施，对一些原料的审批增加了要求，加速制定一些提取物原料的标准，同时，对一些出现了问题的原料采取了必要的管理措施。

近年来，食品安全问题已经成为社会关注的焦点，同时缺乏客观性和科学性的媒体信息严重误导了消费者，加上一些食品安全事件的推波助澜，公众对于食品安全严重不信任，处于一种焦虑和恐慌的情绪之中。在这样一种形势之下，保健食品的安全问题自然而然地成为政府监管的重点。无疑，安全问题始终是保健食品监管制度的首要问题，但是同时，保健食品还承受着来自社会的另一巨大压力，即对其功效的质疑，这成为第三阶段保健食品监管体系改革面临的又一大挑战。

为此，国家食品药品监督管理总局开始着手调整功能的范围，修订功能评价方法。调整现有功能范围，进一步增强功能评价方法的科学性。将中国传统养生保健理论列入功能设置范围之内，鼓励以传统中医药养生保健理论为指导的新功能产品的研发，提高了功能设置的科学性，充分体现社会的需要和对保健功能认识的进步。

这一阶段保健食品监管体制的调整和改革刚刚开始，《保健食品监督管理条例》也尚未出台，其最终的发展有待未来给出最后的答案。

二、保健食品产业现状与审批监管情况

（一）保健食品的产业现状

我国保健食品行业是伴随国家经济发展而兴起的，经济发展促进了消费水平的提高，在解决了温饱问题之后人们开始关注饮食的营养与健康，具有保健功能的食品越来越受到重视，而民众养生保健需求的日益增强，最终促使保健食品行业开始兴起，并逐渐形成一定的产业规模。20 世纪 80 年代末，我国保健类食品企业仅有 100 家左右，2010 年已经超过 3000 家。其中，投资总额在 5000 万元以上的占 38%，1 亿元以上的有 40 余家，一半以上的企业投资不足 100 万元，10 万元以下的占 1/8。企业规模的这种巨大差异，是造成市场混乱情况的一个重要原因，特别是大量小企业的存在，给政府的监管提出了巨大挑战。

有统计资料表明 1998～2000 年，保健食品行业的市场规模达到

400 亿元左右，但是由于经营和监管的种种原因，2000 年后，在行业信誉度降低的背景下，市场有所萎缩，在 2003 年产业发展到低谷时，市场规模下降到 300 亿元。2003 年"非典"带动了市场需求，保健食品市场也随之回暖，产业规模逐渐上升，到 2007 年，达到 600 亿元，2011 年约 2600 亿元。

与此同时，越来越多的国内外食品、药品行业知名企业也意识到我国保健食品行业的巨大发展空间，纷纷加入到保健食品行业的大军中。1980 年美国康宝莱公司在苏州成立康宝莱（中国）保健品有限公司，专门从事保健食品的开发、生产、销售。1992 年香港食品企业李锦记集团在广州成立无限极（中国）有限公司，进入国内保健食品市场。日清奥利友（中国）投资有限公司，在生产普通食用油的同时，也致力于油脂类保健食品的开发。一些本土特色的保健食品企业已经形成了自身独特的专业发展方向。新时代健康产业集团作为一家大型国有控股企业集团，研发生产的花粉类系列保健食品，就具有这一鲜明特色。此外，北京同仁堂（集团）有限责任公司、哈药集团、山东东阿阿胶股份有限公司、邯郸康业制药有限公司等众多传统的中药企业现在也着力进军保健食品领域。这些必将对我国保健食品行业的发展产生积极的推动作用。

伴随着产业规模的不断扩大，产品种类和数量也在逐年增多，截至 2011 年底，我国共批准保健食品近万个，其中允许使用的中药材是保健食品使用最广泛的原料，含中药材原料的产品占全部批准注册产品的 3/4 以上，其次为维生素和矿物质等营养素原料。从产品型式看，制剂占绝大多数。根据 2005 年的调查，2951 种产品中，胶囊占 35%，软胶囊占 7%，口服液占 17%，片剂占 14.5%，冲剂占 11.7%，食品形态产品中茶类为首位，但仅占 8%，另外，饮料 11 个，酒类 7 个，醋类 10 个，其他食品形态 7 个。

（二）保健食品的审评、审批

按照我国的法律规定，保健食品上市前应在国家行政主管部门注册，并获得许可批准证书。在此之前需要经过一系列的试验、申报、审评和审批过程。其中，产品的试验和申报是企业的自主行为，而审评和审批是国家行政主管部门组织和承担的工作。审评是各领域专家根据企业申报的材料和样品，对产品的食用安全性、功能作用和质量控制等内容进行评估的过程；而审批是国家主管部门根据技术审评结论对是否批准产品注册进行的行政过程。

保健食品是供消费者食用的产品，根据《中华人民共和国食品安全法》的要求，首先是食用安全，不得对人体产生任何危害，包括急性、亚急性或者慢性危害；其次，保健食品具有特定保健功能，适用于特定人群，对机体功能具有一定调节作用，但不能取代药物对疾病的治疗作用。由于保健食品是消费者通过自由选择而获取的，其营销过程中，产品标签、说明书不得涉及疾病的预防和治疗作用，内容必须真实，应当载明适宜人群、不适宜人群、功效成分或者标志性成分及其含量等；产品的功能和成分必须与标签、说明书相一致。最后，保证产品的安全和功效，必须有良好的质量控制措施，这实际贯穿于产品的设计、研发、生产、营销的全过程，落实在配方设计、安全性评估、功能验证、工艺路线选择、产品质量标准制定和质量监测检验等一系列具体环节中。因此，保健食品审评、审批的重点是考察和评估产品的安全性、功能性、质量可控性。具体体现在以下几个方面：

1. 食用安全　保健食品的食用安全是其能够上市的必要条件。有关管理首先体现在原料上，只有安全得到保证的原料品种，才可以用于保健食品。其次体现在配方设计、原料来源、工艺路线和产品的质量控制上，也都是以保证食用安全作为审评、审批的重点。对于保健食品食用安全的评估要考察产品生产经营的全过程，不能理解为观察到食用后的不良反应才认定产品存在食用安全问题。因此，审评、审批的基本原则是不允许存在任何安全隐患，只有证明产品的食用安全才可以考虑批准，而不是没有不安全的证据就可以批准。

2. 具有一定功能作用 保健食品的功效作用必须是建立在既往有关科学研究基础之上的，功能评价检验是对其所声称功能的有效性进行的验证性检验，是技术审评的基础，并不是产品批准上市的唯一性证据，保健功能的最终确定必须基于产品多方面的科学证据。

由于目前科学技术手段的局限性，现行的保健功能评价方法和观察指标还不能完全覆盖产品所声称功能的所有机制，从这个意义上讲，功能评价检验只能作为保健功能确认的一个依据。随着科学的进步，保健食品功能评价的发展方向无疑是以更广泛的科学共识为基础，不断地加以完善。

3. 生产工艺可行 保健食品的生产工艺是产品安全、功效和质量的基本保证，不仅与工艺路线有关，还涉及生产保健食品所使用的原料、添加剂、包装材料、工具和设备等各个环节。目前我国有关法规规定保健食品的生产必须按照《保健食品良好生产规范》的要求组织生产。此外，广义理解的生产工艺，也包括有关主要原料的生产工艺，没有原料的安全和功效，也就没有产品的安全和功效。因此，保健食品生产工艺的审评既包括产品也包括原料。

4. 产品质量可控 合格的产品是生产出来的，而不是检验出来的。也就是说保健食品产品的质量保证贯穿于研发、生产和经营的全过程，同时需要在配方原料、工艺路线、质量标准和控制等方面的研究基础上，建立行之有效的质量控制措施和规程。因此对于保健食品的监管，产品的监测检验只是一个方面，只有在产品生产过程中严格执行《保健食品良好生产规范》，才能奠定产品质量可控的基础。

5. 依法声称 保健食品的功能声称是消费者选择产品所依据的关键信息。我国的现行法规对功能声称的范围和称谓有明确的规定，同时，要求其标签说明书的内容必须真实，应当载明许可的功能、适宜人群、不适宜人群、注意事项、功效成分或者标志性成分及其含量等，这部分内容已全部列入产品的注册批件中。但是在市场经营活动中，超出规定范围的声称五花八门，是保健食品招致社会各种批评的主要原因，也是引起消费者误解的根源，因此，这是审评、审批工作的关键内容之一。

6. 企业负责 保健食品由企业进行生产和经营，国家的审评、审批和监管都是建立在企业对自己产品生产、经营以及注册申报资料负全责的基础之上的，谁都不可能取代企业作为第一责任人的地位。这意味着产品注册许可证书持有者，在生产和上市经营过程中，必须自觉遵守国家的有关法律法规。

（三） 保健食品的监管情况

我国对保健食品生产企业实施许可制度，要求生产企业必须符合《保健食品良好生产规范》GB 17405－1998（Good manufacture practice for health food）即 GMP 的要求，否则，不能颁发生产许可证，具体由省级食品药品监督管理部门负责实施。

该项标准是保健食品生产的基本要求，它规定了保健食品生产企业的人员、设计与设施、原料、生产过程、成品贮存与运输以及品质和卫生管理方面的基本技术要求，从而有效地保证了生产产品的质量。其具体要求高于对食品生产企业的要求。

保健食品 GMP 基本原则包括：

（1） 保健食品生产企业必须有足够资历的、符合要求的、与生产相适应的技术人员承担保健食品的生产和质量管理，并清楚地了解自己的职责。

（2） 操作者应进行培训，以便正确地按照规程操作。

（3） 确保生产厂房、环境、生产设备、卫生符合要求。

（4） 符合规定要求的物料、包装容器和标签。

（5） 具备与生产相适应的贮存条件和运输设备。

（6） 所有生产加工应按批准的工艺规程进行。

（7） 生产全过程严密的、有效的控制和管理。

（8） 应对生产加工的关键步骤和加工产生的重要变化进行验证。

（9） 生产中使用手工或记录仪进行生产记录，以证明已完成的所有生产步骤是按确定的规程和指令要求进行的，产品达到预期的数量和质量，任何出现的偏差都应记录和调查。

（10） 合格的质量检验人员、设备和实验室。

（11） 应保证产品采用批准的质量标准进行生产和控制。

（12） 对产品的贮存和销售中影响质量的危险应降至最低限度。

（13） 建立由销售和供应渠道组成的收回任何一批产品的有效系统。

（14） 了解市售产品的用户意见，调查质量问题的原因，提出处理措施和防止再发生的预防措施。

保健食品的食用安全不仅关系着消费者的健康，也关系着生产企业的生命。要保证保健食品的质量，就必须加强保健食品生产的法制化、科学化、规范化管理。《保健食品良好生产规范》（GMP）正是适应保健食品生产质量管理的需要而产生的，它是社会发展、科学技术进步的必然结果。GMP 随着社会的发展将不断地创新完善。

同样，ISO9000 质量管理和质量保证标准体系，HACCP 和 SSOP 等生产过程品质控制系统的出现也是现代科学技术和生产力发展的必然结果，是规模化生产和质量管理发展到一定阶段的产物，也是国际贸易发展到一定时期的必然结果。这些生产过程的质量体系的不断发展和完善，在促进和影响着保健食品 GMP 的发展与完善。

对于经营企业，应当建立索证、索票和进货查验制度，并做好相关记录。消费者在购买保健食品时，应当仔细核对经营者的资质、产品的批准文号、生产企业的信息，并索取购货发票，防止购买假冒产品。

为规范保健食品生产经营秩序，食品药品监督管理部门已连续三年开展了严厉打击违法添加专项整治活动。发现有涉及违法违规生产经营保健食品的行为，应及时向当地食品药品监督管理部门举报。

第三节
世界主要国家和地区保健食品的发展与管理

对比我国的保健食品，国外也存在同类的产品和类似的监管制度。日本与我国的相似之处是强调这类产品的生理调节作用，而欧美更强调其膳食补充作用。这里可以看到东西方文化对食品保健作用认识上的影响，西方文化的影响体现在保健功效必须以严谨的科学证据链为基础，即所谓循证声称，从膳食影响健康的证据出发，将产品所宣传的保健作用定位在补充膳食的不足上；而东方文化的影响体现在对"已病"和"未病"都要"治"的理论上，"保健"可以理解为"治未病"的现代表述。

与我国所称保健食品相比较，国外的同类产品包括草本药物、天然药物、替代医药、膳食或食物补充剂、功能食品等多类产品。国际上将这类产品通常分为传统食品形式（功能食品）和制剂形式（膳食或食物补充剂）。对于这类产品的管理，美国和欧盟等国均采用两种模式。一种模式是不区分产品形式，只针对健康声称加以管理；另一种模式是针对制剂形式产品的管理。到目前为止，日本是唯一将食品形式的产品单独分类，作为功能食品加以管理的国家，而其他国家仅对膳食补充剂单独立法管理。

由于各个国家和地区的政治体制、法律体系、历史传承和文化背景有别，对上述各类产品的认识和管理也不完全相同，这里以日本、美国、加拿大和欧盟等国家和地区为例，概要介绍它们对于功能食品和膳食补充剂的管理情况。

一、日本

19 世纪 80 年代，随着当时经济的发展和人民生活水平的改善，生活方式相关疾病的发病率不断增高。科学研究证明这些疾病的发病原因与饮食密切相关，大众对于健康饮食产品的要求也越来越迫切。一大批所谓的有健康作用甚至可以治病的食品应运而生。由于当时缺乏相应的制度对其进行有效管理，从而导致了保健类食品市场的混乱。为了应对这种情况，日本政府开始加大对各种食品及其成分所具有生理功能的系统研究，提出食品具有三种功能的概念，第一为营养功能，是维持人类生存所必需的；第二为感官功能，涉及食品的可口美味；第三为生理功能，即对健康状态的调节作用，例如延缓衰老、调节免疫、增进身体功能等作用。由此将具有第三种功能的食品定义为功能食品。

在随后进行的一系列关于食品生理功能研究和产品开发的推动下，1991 年，在《营养改善法》中提出了特定保健用食品（FOSHU）的概念，随后建立了一整套有关管理制度，目的是向消费者提供具有健康益处的食品，更好地维持和促进人们的健康，抑制医疗费用的不断增长。除此之外，也是为了对日益泛滥的"健康"食品进行必要的控制。在这部法规中特定保健用食品（FOSHU）被定义为：根据掌握的有关食品（或食物成分）与健康关系的知识，预期该食品具有一定的保健功效，并经官方批准允许在标签声明人体摄入后可产生保健作用的一类食品（不包括片、胶囊等）。使用特定保健用食品的目的是维持或促进健康，也可以用于希望控制血压、血胆固醇等身体健康状况者。

2001 年 4 月厚生省颁布了《保健功能食品制度》，将特定保健用食品归为保健功能食品的一类，同时设立另一类营养功能食品。2005

年 1 月进一步补充修订这一制度，又颁布了新的《保健功能食品制度》，在原有体系的基础上，新添加了规格基准型、附加条件的特定保健用食品和降低疾病风险声称的特定保健用食品，同时也增加了营养素补充制剂产品。

目前，日本政府依据《营养改善法》严控产品市场准入要求和审批程序，对其申报材料要求的严格程度接近于药物。申请特定保健用食品前，申请人首先必须自行进行安全性和功能性的试验研究，试验结果需要发表在有影响力的学术杂志上。申请人在申报时，必须将试验结果和发表的论文一起提交。另外，申请人还须将样品送交国立健康营养研究所或其他获得厚生劳动省认可的检验机构进行功效成分含量的检测，然后按规定向政府主管机构提交申报资料和样品。现行的政府主管机构为消费者事务厅，由其食品标签部组织两个专业组织或委员会对申报产品的功能和安全性进行评价，另外在审核申报资料的同时，还将对申报产品的功效成分含量进行复核检测。政府主管机构对特定保健用食品的标签着重审验功效成分及产品标签宣传式样，其标签要求与普通食品大致相同。此外，还需列出食用方法和推荐摄入量，经批准允许使用的保健声称，必须标明"不能预防或治疗疾病"，以区别药品，同时加印政府批准的标志。

二、美国

美国政府于 1906 年颁布的《纯净食品与药品法》和 1938 年颁布的《食品、药品和化妆品法》（Food Drug and Cosmetic Act，简称 FD&C Act）的原始版本均未直接涉及食品保健功能的健康声称问题。其后几十年间，随着市场上不断出现声称具有保健作用的产品，其健康效益的宣传引起越来越多消费者和科学家们的质疑。为保护公众健康与安全，食品药品监督管理局（FDA）首先根据 FD&C Act 条款试图将膳食补充剂作为药品管理，继而在 1976 年《维生素与矿物质修正案》（也称 Proxmire 修正案）通过后，运用食品添加剂规定间接对膳食补充剂进行控制。膳食补充剂被列为食品添加剂类，必须获得 FDA 的注册才能上市。

美国国会、FDA、膳食补充剂工业界以及消费者之间在健康声称和膳食补充剂的管理问题上持有不同观点，各方博弈的结果是美国国会于 1990 年通过了《营养标签与教育法》（Nutrition Labeling and Education Act，NLEA），对包括膳食补充剂在内的食品标签进行了改革，要求食品标签必须真实标注产品的营养成分和含量。《营养标签与教育法》允许食品和膳食补充剂使用健康声称，即允许企业声称其产品所含营养物质与人体的病症相联系，如钙与骨质疏松症、食物纤维与肿瘤、饱和脂肪与心血管疾病、钠与高血压等。鉴于 FDA 坚持采取严格的上市前审批制度，《营养标签与教育法》允许 FDA 对食品和膳食补充剂健康声称的科学依据进行审查，并建立相应的审批程序，同时禁止任何食品和膳食补充剂使用未经 FDA 批准的健康声称。

20 世纪 90 年代初，美国的膳食补充剂已发展为年销售额几十亿美元的产业，但 FDA 仍然坚持膳食补充剂类产品仅包括维生素、矿物质和蛋白质。对于其他成分，如果声称其具有调节身体功能的功能作用等均属于未经批准的药物声称。随着人们保健意识的不断增强，开始认识到经过精细加工的日常食品常常不能满足现代人的身体需要，而人体所需的许多重要营养成分可以通过摄取膳食补充剂的形式得到，且随着美国社会日趋老龄化，对治疗老年病、慢性病的食品以及保健防病的需求不断增加，为提高国民总体健康水平，减少医药开支，美国国会于 1992 年提出了《保健自由法》（Health Freedom Act）。随之围绕着后续的立法，FDA、膳食补充剂制造业以及国会三者之间展开了博弈，其过程后来被称之为"膳食补充剂健康与教育法"运动。在这期间，FDA 与制造业之间的紧张关系愈加明朗化。

基于膳食补充剂的营养效益对促进健康和预防疾病的重要性以及

公众舆论和政治上的强大压力，1994 年美国国会通过了《膳食补充剂健康与教育法》（Dietary Supplement Health and Education Act，简称 DSHEA），旨在为膳食补充剂监管设计新的框架。国会在立法条文中强调，合理的饮食习惯和使用保健产品对保持良好的健康具有积极意义，应该给公众提供更多的信息和产品以供自由选择。因此，国会通过《膳食补充剂健康与教育法》，让制造商享有更大自由销售产品和宣称产品的健康功能。

《膳食补充剂健康与教育法》修改了《食品、药品和化妆品法》，为膳食补充剂的安全和标签管理建立了一个新的体制，从根本上改变了 FDA 监管膳食补充剂的方式。《膳食补充剂健康与教育法》最终打破了 FDA 将膳食补充剂作为"食品添加剂"或"药品"监管的模式，澄清了以前膳食补充剂概念不清的属性，其产品内容也扩大到除维生素、矿物质、蛋白质以外的其他多种植物成分，并允许多成分的复方膳食补充剂产品。《膳食补充剂健康与教育法》还放松了对膳食补充剂的监管条款，给制造商更大的自由在标签上提供合理信息。

美国国会在立法宗旨中强调：已有越来越多的科学证据证明增进美国国民的健康状况和疾病预防的效益；摄入某些营养素和膳食补充剂与预防某些慢性疾病（如癌症、心脏病和骨质疏松症等）之间有一定的联系。美国国会赋予政府管理食品健康声称和膳食补充剂的原则是在严格防止不安全或伪劣产品进入市场的同时，不应采取不合理的管理措施对合格产品的上市制造障碍。因此，对于声称管理的最终目的在于保障消费者获得安全食品的权益。

三、欧盟

在欧盟出台健康声称法规之前，各成员国的管理制度差别很大。欧盟委员会（EC）从 20 世纪 90 年代后期启动了有关健康声称和食物补充剂的立法工作，颁布了管理食品营养和健康声称的法规 Regulation（EC）No 1924/2006，管理食物补充剂的法规 Directive 46/2002/EC，以及管理食品中添加维生素和矿物质的法规 Regulation（EC）No 1925/2006 等。

欧盟在其法规 Directive 46/2002/EC 中，将食物补充剂定义为以补充正常膳食为目的的食品，作为维生素、矿物质或其他具有营养或生理作用物质的浓缩来源，可为单一或复合成分，以胶囊、锭剂、片剂、丸剂等类似形式，袋装粉剂、液体定量小包装制剂、可定量的滴剂或其他类似可定量的小剂量形式上市。

欧盟对于草药另有单独的法规管理，因此其食物补充剂通常不包含很多美国膳食补充剂允许使用的植物来源原料和成分。

欧盟对于功能食品和食物补充剂使用健康声称的管理不同于美国和日本，统一使用名单列表制度。功能食品作为食品，首先要遵守《食品通法》［Regulation（EC）No 178/2002］和《食品安全法》（Food Safety Act 1990），如果在食品加工过程中加入了某种维生素、矿物质，则应该遵守《欧盟维生素和矿物质添加法规》［Regulation（EC）No 1925/2006］。根据功能食品的原料和用途，还应符合《新食品法规》［Regulation（EC）No 258/97）］、《特殊营养食品法规》［Commission Directive 2001/15/EC］中的有关规定。而功能食品要声称其具有某种促进健康或降低患病风险的作用，则要符合《营养和健康声称法规》［Regulation（EC）No 1924/2006］的规定。

欧盟《营养和健康声称法规》规定了能够进行声称的食品种类以及食品成分的要求、声称用语的表述要求和声称的申报流程。该项法规将健康声称分为两类，一类为第 13 款规定的不涉及儿童和疾病风险的一般健康声称，另一类为第 14 款规定的涉及儿童和疾病风险的健康声称。第 13 款所述一般健康声称由欧盟统一公布列表，这一列表之外的一般健康声称、对列表内的声称用语的修改（13.5 款）和 14 款规定的健康声称，需要由有关企业或机构申报，经过欧洲食品安全局的科学审核，再经欧盟议会批准，以健康声称列表的形式发布。此列表中的声称在所限定的条件下，欧盟各国的不同企业都可以使用。第13款范围内一般健康声称的列表，原计划2010年1月31日公布，但是由于收到声称建议超过4万条，经过筛选汇总为4000余条，科学审查的工作量大大超过预期，拖延到2011年7月才完成。

鉴于欧盟由多个国家组成，对于市场的管理，各国可以根据各自的情况采取相应的方式，但不得歧视任何使用健康声称的产品。在一定条件下，可根据各自食用安全情况和声称的科学证据认识，在本土暂时限制使用有关声称产品的销售。

四、加拿大

相对于日本、美国和欧盟将"保健食品"定位于食品的管理，加拿大政府的管理将声称具有保健作用的食品和膳食补充剂定位于食品与药物之间的一类产品——天然健康产品（Natural Health Products，NHP），并实行产品的逐一注册许可的管理制度。

2003年6月18日，加拿大卫生部正式颁布《天然健康产品法规（Natural Health Products Regulations，NHPs Regulations）》，并于2004年1月1日正式生效。它的出发点在于规范作为OTC产品、用于自我治疗和选择的NHP产品的质量、安全和有效。而需要处方的产品将纳入《食品和药品法》的范畴来管理。

根据《天然健康产品法规》，天然健康产品（NHPs）定义为：用于①诊断、治疗、减轻或预防疾病，身体功能紊乱和异常及其相关症状。②恢复、矫正人体器官功能。③调节人体器官功能，如以一种维持或促进健康的方式调节其功能。根据这一定义，NHPs主要覆盖包括传统药物、顺势药品、维生素和矿物质、草本膳食补充剂、氨基酸、脂肪酸等，但不包括处方药、皮下注射用药和根据《烟草法》管理的物质，或者根据其他立法如《控制药品和物质法》管理的物质。

《天然健康产品法规》规定，对产品实施上市前许可管理制度，但是涉及的产品范围要大得多，而许可审批的程序和要求相对简单，对传统药物和顺势疗法产品的限制也相对宽松。所有的天然健康产品在销售之前，申请人必须将包括产品的功效成分组成、来源、作用、非功效组分、推荐使用人群和剂量等详细信息递交加拿大卫生部。卫生部将在收到资料之日起 60 天内审查申请者递交的文件，符合要求的，就会颁发产品许可证。许可证号使用字母"NPN"（天然产品号）标注于产品标签；顺势药品则标明字母"DIN－HM"（药品鉴定号，顺势药品），标签上的产品许可号将告知消费者该产品已经经过联邦卫生部的安全性和有效性审查和许可。

所有的 NHPs 制造商、包装商、标签商和进口商都应该获得场所许可证，只有在得到场所许可证以后，才可以进行 NHPs 的经营和销售。场所应该有批发记录和产品召回的程序，适用的话，也应有处理、储存和运输产品的程序。同时，为保证产品安全和质量，加拿大境内和境外的 NHPs 生产商、包装商、标签商以及在加拿大境内的进口商和分销商，都必须严格执行 GMP 的要求。

产品包装、标签上要求的信息包括生产商、进口商名称和地址、产品名称、产品号（NPN 号或 DIN－HM 号）、生产批号、包装规格、推荐使用条件（包括推荐使用者及目的，剂型、服用方法、推荐剂量、保质期以及提示性宣称、警告、副作用和可能的不良反应）以及建议储存条件。同时，还应包括每个功效组分或非功效组分，对功效组分，应有来源物质的描述。

五、东盟

东盟各国对传统药物和保健品市场非常重视，近年在该领域发展迅速。亚西安（东盟）传统药物及保健品工作组（TMHS PWG）是东盟共同体专门负责制定传统药物及保健品管理政策的官方组织，是东盟论坛的组成部分，每年定期召开 2 次工作会议。东盟各国希望效仿欧盟，形成统一的区域经济共同体，具有自由流通的市场和较强的对外竞争能力，保健品行业同样如此。要形成统一的市场，必然要实行统一的保健品管理政策。但目前东盟（IADSA）在保健品管理政策方面尚未完全统一。关于保健品声称，其倾向于欧盟的管理模式，即采取分类管理的模式：营养声称及一般性健康声称采取列表制，凡列入名单的声称，企业可自行标示，不需要审批；降低疾病风险声称与促进少年儿童生长与健康相关的声称需向东盟（IADSA）提出申请，得到许可后，方可标示。

第二章

正确认识保健食品

第一节
特定保健功能声称

一、增强免疫力

免疫力是指机体免疫系统抵抗疾病的能力。自然界中大量的细菌、病毒等微生物不停地侵袭着人体，在体内又时刻有变异的细胞"兴风作浪"，人类能在这些恶劣的条件下生存、繁衍，要归功于人体免疫系统的保护。免疫力低下是免疫功能受到损害的一种表现形式。增强免疫力是防病的根本，同时也是促进病体恢复的关键。

（一）免疫力低下人群的常见表现

免疫力低下人群最直接的表现为容易生病，特别容易招致细菌、病毒、真菌等感染。且疾病反复发作，病程长，不易恢复。还会伴有精神萎靡、疲乏无力、食欲减退、睡眠障碍等表现。小儿免疫力低下还会导致营养吸收差，身体、智力发育不良。

（二）免疫力低下的发生情况及危害

社会竞争日趋激烈、工作生活压力增大、精神紧张、作息规律紊乱、抗菌药物滥用、某些药物的不良反应、婴幼儿时期免疫系统发育不完全以及人体不可抗拒的衰老等，都可以引起机体免疫力低下，从而降低人体抵御疾病的能力。当机体免疫力下降时，对细菌、病毒等病原微生物的抵抗能力降低，容易引起感冒、肝炎、结核等感染性疾病。免疫力低下人群是疾病的易发病人群，许多疾病都是在免疫力低下的情况下发病的，且得病后病程时间长，迁延不愈。

（三）现代医学对免疫力低下的认识

现代医学研究证实，机体的免疫功能包括非特异性免疫和特异性免疫两部分，非特异性免疫是机体在长期进化过程中逐渐建立的，具有相对稳定性，是能遗传给下一代的防御能力，又称为天然免疫；人体的特异性免疫是机体在生活过程中与抗原物质接触后所产生的免疫能力，是出生后形成的，又称为获得性免疫。这两类免疫功能相互协同、相互配合，在机体免疫功能中发挥着重要作用。免疫系统通过以下途径发挥对机体的保护作用：①及时清除人体内组织和细胞的正常碎片和代谢物，防止其积存体内，被误以为外来异物而产生自身抗体，导致如系统性红斑狼疮等自身免疫性疾病。②识别和消灭体内出现突变的细胞，避免其发展和分裂成为肿瘤。③当机体受到病原微生物侵袭时，体内的白细胞就会对此种外来致病物质加以识别，并产生一种特殊的抵抗力，从而更有效地将其清除出体外。

免疫功能低下与以下因素有关：①免疫抑制剂的使用以及放射治疗，主要包括糖皮质激素和细胞毒类药物。②代谢性疾病，只要处于负平衡状态，免疫功能就会相应下降。③恶性肿瘤。④手术创伤。⑤其他，如工作压力大、空气污染和先天及后天获得的免疫缺陷等。

现代医学主要使用免疫增强剂纠正免疫力低下，按照作用机制不同，免疫增强剂分为特异性免疫增强剂和非特异性免疫增强剂两大类。常用的特异性免疫增强剂主要是各种疫苗，非特异性免疫增强剂主要有卡介苗、核酪注射液、聚肌胞、胸腺素、胎盘脂多糖、丙种球蛋白、胎盘球蛋白、干扰素、转移因子、新鲜血浆等等。多数免疫增强剂都属于生物制品，价格昂贵，作用不能持久，故需反复使用，需求量大；而且血液制品如果不能保证来源，则会增加罹患肝炎、艾滋病等传染病的机会。

处于亚健康状态的人群，多数存在着不同程度的免疫力下降，较健康人群容易罹患各种疾病，且得病后病程时间长，迁延不愈。从某种程度上讲免疫力低下是威胁人类健康的主要因素之一。因此，研究开发有效、安全的增强免疫力产品已成为公众和业界的共同愿望。而食用增强免疫力类保健食品正是一种安全的增强免疫力、改善亚健康的有效措施。具有增强免疫力功能的保健食品，适宜于免疫力低下者。

（四）中医学对免疫力低下机制的认识

现代医学提出的免疫力与中医所说的"正气"相似，正气是相对邪气的称谓，泛指人体正常的生命物质及其功能活动，以及基于此而产生的各种维护能力，包括自我调节、适应环境、抗病祛邪和康复自愈等能力，是人体生理功能状况的总称。正气的旺盛取决于两个条件，一是气血精津液等精微物质的充沛，二是脏腑生理功能的正常和相互协调。因此，其包括的范围十分广泛，精、神、津液、营卫气血，各脏腑经络之气等的活动状况均属于正气的范畴，任何一种物质不足及功能低下均可以称之为正气不足。故正气实质上是对整个人体生命物质及其功能的高度概括，正气的强弱是人体健康与否的决定因素。

中医学认为"正气存内，邪不可干"，正气是人体感邪后发病与否、疾病转归、预后好坏的关键。《理虚元鉴·治虚有三本》中说："治虚有三本，肺脾肾是也。肺为五脏之天，脾为百骸之母，肾为性命之根"。因此，免疫力低下主要与肺虚、脾虚、肾虚有关。

肺主皮毛，司开合。皮毛是抵御外邪入侵的防线，其作用的强弱，取决于肺气的充足与否，腠理开合是否正常，所以肺卫是抗御外邪的第一道屏障。若肺气虚，开合失职，肺卫不固，外邪则乘虚而入。

脾胃为后天之本，气血生化之源。我国古代医家李东垣认为，"内伤脾胃，百病由生"。脾胃损伤，气血化生不足，内不足以维持身心活动，外不足以抗御病邪侵袭，因而产生种种疾病。

肾为先天之本，正气之根，与免疫的关系更加密切，肾气的盛衰是决定体质强弱的重要因素。肾藏精气，化生元气，激发和推动周身各组织器官的生理活动，维持着人体的生长发育，是人体生命活动的原动力。肾中精气充沛，正气内存，脏腑功能就正常。若先天禀赋不足，或后天失于调养，或失治误治，损伤精气，正气不足，则易产生各种病变。

总之，免疫力低下与肺、脾、肾三脏密切相关。因此，中医主要通过调节肺、脾、肾三脏的功能，补益气血，来维持机体内在的阴阳平衡，从而使脏腑、经络、营血、卫气保持正常的生理功能，使机体保持气血平和，阴平阳秘的稳定状态，达到调节人体免疫力的作用。

（五）免疫力低下的常见中医证型、表现及调理原则

1. 肺气虚型　可见少气懒言，神疲乏力，语声低微，食欲不振，大便稀溏，头晕目眩，动则喘促，容易出汗，舌淡苔白，脉虚无力等。调理原则：补肺益气，实卫固表。可选择以补气功能原料为主的增强免疫力类保健食品。

2. 脾气虚型　可见面色萎黄，肌肉消瘦，倦怠乏力，食少纳呆，少气懒言，脘腹胀满，食后尤甚，大便溏薄，舌淡而嫩，脉细弱无力等。调理原则：健脾益气。可选择以健脾补气功能原料为主的增强免疫力类保健食品。

3. 肾气虚型　可见气短自汗、倦怠无力、面色㿠白、小便频多、遗精早泄、舌苔淡白、脉细弱等。调理原则：补肾固本。可选择以补肾功能原料为主的增强免疫力类保健食品。

（六）增强免疫力的常用原料

1. 常用的具有补肺功能的原料　人参、人参叶、人参花蕾、黄芪、西洋参、灵芝、灵芝孢子粉、红景天、白术等。

2. 常用的具有补脾功能的原料　山药、白术、党参、太子参、甘草、大枣、饴糖、白扁豆、绞股蓝、余甘子、沙棘、茯苓等。

3. 常用的具有补肾功能的原料 马鹿胎、马鹿骨、马鹿血、马鹿茸、羊肾、海狗、拟黑多刺蚁、蚕蛹、淫羊藿、巴戟天、菟丝子、杜仲、沙苑子、补骨脂、益智仁、肉苁蓉、蛤蚧、冬虫夏草、韭菜籽、山萸肉、肉桂、丁香、覆盆子、葫芦巴、鹿角胶、巴戟天等温肾助阳的物品；枸杞子、熟地黄、制首乌、鳖甲、桑葚、黄精、女贞子、铁皮石斛、中华鳖、海参等填补肾精的物品。

二、辅助降血脂

高血脂是指人体的脂质代谢出现紊乱，使血浆内脂质浓度超过了规定的正常范围。

（一）高血脂人群的常见表现

大多数血脂偏高者并无任何症状，常常是在进行血液生化检验时才被发现。有些人会出现黄色瘤，一种异常的局限性皮肤凸起，其颜色可为黄色、橘黄色或棕红色，多呈结节、斑块或丘疹形状，一般质地柔软，常见于肌腱、手掌、眼睑周围以及肘、膝、指节伸处和髋、踝、臀等部位。另外，有些人还会出现角膜弓和高脂血症眼底改变。角膜弓又称老年环，若出现于 40 岁以下者，则多伴有高脂血症。脂血症眼底改变是由于富含甘油三酯的大颗粒脂蛋白沉积在眼底小动脉上引起光散射所致。有些继发性血脂代谢异常，如甲状腺功能低下、糖尿病、酒精中毒、肾病综合征及阻塞性肝胆疾病等，则主要表现为原发疾病的症状。

（二）高脂血症的发生情况及危害

2004 年 10 月卫生部发布的《中国居民营养与健康现状》报告表明：中国居民慢性非传染性疾病如高血压、糖尿病、高血脂等患病率上升迅速，而不健康的行为和生活方式是最为主要的原因。我国 18 岁以上居民血脂异常发病率为 18.6%，男性为 22.2%，女性为

15.9%。城市人群为 21.0%，农村人群为 17.7%。18~44 岁、45~
59 岁和 60 岁以上居民的血脂异常发病率分别为 17.0%、22.9% 和
23.4%。据此推算，全国 18 岁以上的血脂异常患者达 1.6 亿。

高脂血症对身体的损害是一个缓慢的、逐渐加重的隐匿过程，很
多血脂偏高者认为自己没有什么症状，也没有不舒服的感觉，因而采
取无所谓的态度，忽视了对高脂血症的纠正，这为心脑血管疾病的发
生埋下巨大的隐患。现代医学疾病监控的数据显示，我国因高血脂引
起的心肌梗死、脑梗死、脑出血、偏瘫、致残、致死人数以每年递增
12% 的速度上升。

（三）现代医学对高脂血症的认识

血浆中的脂质包括胆固醇、甘油三酯和磷脂，这些脂质成分与血
浆蛋白结合成脂蛋白，成为乳糜微粒、极低密度脂蛋白、低密度脂蛋
白和高密度脂蛋白，其中低密度脂蛋白与极低密度脂蛋白有较明显的
致动脉粥样硬化作用，而高密度脂蛋白则具有抗动脉粥样硬化作用。

高脂血症的发生主要有两个方面的原因，一方面是由于外源性脂
质摄入过多，另一方面是由于体内脂质代谢紊乱，如合成增多、分解
排出减少等。高脂血症的发生与人的饮食及生活习惯密切相关，动物
油脂含有较高的饱和脂肪酸，食用较多猪油、牛油、奶油容易出现高
脂血症；高脂肪和高糖食物在体内可转化成脂肪，进而导致人体内胆
固醇及低密度脂蛋白合成增加，从而使血脂增高。运动减少及吸烟等
不良生活习惯也会使人体内甘油三酯升高。另外，年龄、遗传因素等
对血脂也有影响。高脂血症可以导致动脉粥样硬化、冠心病、脑血管
疾病，严重影响人们的健康。而患有心脑血管疾病的患者又常常伴有
高血脂，因此对于患有冠心病、脑血管病变、周围动脉粥样硬化、高
血压、糖尿病、家族性高脂血症以及经常吸烟的人群应注意监测
血脂。

高脂血症对人体的危害是显而易见的，但其形成是一个渐进的过

程，因此，在初期，即机体处于亚健康状态时期，采取积极的预防措施，有效地阻止其进一步发展，对于减少各类相关疾病的发生，有着重要的意义。在合理安排饮食，适量运动，戒掉不良生活习惯的同时，选择适宜的具有辅助降血脂功能的保健食品，对于纠正高脂血症是有益的。

（四）中医学对高脂血症机制的认识

在中医学里没有高血脂这一词汇，但根据其病因病机及临床表现可归属于痰浊、血瘀、眩晕、湿着、中风等的范围。中医认为高脂血症的发生包括内因和外因两个方面，其中外因主要是过食膏粱厚味、肥甘之品，其味甘性缓，缓则脾气滞，不能化浊而生痰湿；内因是脏腑功能失调，气不化津，则痰浊壅滞，气机不畅，脉络瘀阻。大多医家认为其发病本于肝、脾、肾之虚损，而痰瘀为标，本虚标实，虚实夹杂。中医认为肾为先天之本，主水，主津液，当肾气衰弱，会导致水湿失运，痰湿内生，凝聚为脂；或因肾阴亏虚，虚火内生，虚火炼液成痰浊，痰浊日久不去，瘀阻气血而引发血脂异常；另外脾胃为后天之本，脾主运化，若外因过食膏粱厚味或嗜酒过度损伤脾胃，内因脾气亏虚、脾失健运，则水谷精微不能正常转输敷布，聚而为痰为饮，壅塞脉道，血运受阻，渐至痰浊瘀血互结而发为本病；肝主疏泄，调畅气机，若肝胆疏泄无权，一则胆汁排泄不畅，难以净浊化脂；二则肝木克脾土，影响脾胃的升清降浊和运化功能，脾运失职则气血乏源，痰浊内生，无形之痰浊输注于血脉而成本病；三则肝主疏泄，气行则津行，气滞则湿阻；因过食肥甘厚味，嗜好烟酒，或内伤七情，多病体虚，脾失健运，膏脂生化运转失常，过剩为害，则为病理性脂浊，聚而为痰，痰在血中，成"血中之痰浊"。痰湿内生，膏脂浊化聚集增多，致血液黏稠，循行缓慢，脉络瘀而不畅，瘀血渐生，痰浊、瘀血胶着脉道，混结为患，气血运行不畅，亦即叶天士所说"久病入络"。

（五）高脂血症的常见中医证型、表现及调养原则

1. 肾气不足型　可见腰膝酸软，疲乏无力，或见头晕，舌淡胖，苔白腻。调养原则：补肾益气，化浊降脂。可选择以补益肾气功能原料为主的辅助降血脂类保健食品。

2. 脾失健运型　可见胃脘胀满，食欲减退，或见大便失调，时溏时干，舌胖大，边有齿痕，苔厚腻。调养原则：健运脾胃，利湿化浊。可选择以健运脾胃，利湿化浊功能原料为主的辅助降血脂类保健食品。

3. 肝郁气滞型　可见烦躁易怒，两胁胀痛，食欲不振，大便先干后溏，舌胖苔腻。调养原则：疏肝解郁，健脾行气。可选择以疏肝解郁功能原料为主的辅助降血脂类保健食品。

4. 痰浊瘀血阻滞型　可见皮肤上出现黄色瘤，若痰浊瘀血阻滞经脉则见肢体偏瘫，麻木不仁，运动失调等症状，舌苔厚腻，或有瘀斑。调养原则：化痰祛浊，活血行瘀。可选择以化痰祛浊，活血行瘀功能原料为主的辅助降血脂类保健食品。

（六）降低血脂的常用原料

1. 常用的具有补益肾气功能的原料　人参、枸杞子、杜仲、淫羊藿、何首乌等。有研究表明，人参蛋白能够明显降低高脂血症血清总胆固醇（TC）及甘油三酯（TG）的含量。枸杞子能够降低高脂血症血清总胆固醇、甘油三酯及低密度脂蛋白的水平。

2. 常用的具有健运脾胃，利湿化浊功能的原料　白术、山药、黄芪、党参、山楂、苍术、葛根、茯苓、泽泻等。研究表明，山药可以降低糖尿病血脂水平。山楂总黄酮可以降低血中的总胆固醇及甘油三酯的含量。泽泻三种不同提取物即泽泻多糖、泽泻水提取物和泽泻醇提取物对血脂紊乱具有良好的调节作用。

3. 常用的具有疏肝解郁功能的原料　白芍、佛手、香橼等。有研究表明白芍总苷能降低高胰岛素血症血脂含量。

4. 常用的具有化痰祛浊，活血行瘀功能的原料 三七、丹参、昆布、竹茹、赤芍、红花、川芎等。研究表明，三七叶苷可明显降低高脂血症血清胆固醇和甘油三酯的含量，显著提高血清高密度脂蛋白与胆固醇的比值。

三、辅助降血糖

血液中所含的葡萄糖称为血糖。正常人血糖浓度相对稳定，空腹时为 3.9～6.1mmol/L（70～110mg/dl），饭后血糖可以暂时升高，但不超过 10mmol/L（180mg/dl），当血糖浓度超过正常上限时即称为血糖偏高。血糖偏高可由多种原因引起（如肝炎、肝硬化、急性感染以及药物因素等），但最多见于糖耐量减低和糖尿病。

（一）糖尿病人群的常见表现

糖尿病人群的典型表现是多饮，多食，多尿，体重减少；倦怠乏力，精神不振，反应迟钝。

（二）糖尿病的发生情况及危害

进入 21 世纪，糖尿病已成为对人类健康问题最大的挑战之一。资料表明，世界各国糖尿病的发病率均在上升，全球现有糖尿病患者 1.94 亿左右，预计到 2025 年将突破 3.33 亿，糖尿病已成为人类的第 5 位致死原因。据《中国糖尿病防治指南》估计，我国现有糖尿病患者 4000 万人，糖尿病前期 6000 万人，且随着人们生活水平的普遍提高，饮食结构的改变，以及少动多静的生活方式，发病率还在增加，并出现日趋年轻化的现象。糖尿病是一种终身性疾病，其严重性在于并发症的发生率较高，如动脉粥样硬化、冠心病、心肌梗死、脑卒中、下肢动脉缺血或闭塞、肾衰、阳痿、视网膜病变和神经病变等，是造成患者丧失劳动力、致残、致死的主要因素。

糖尿病正严重影响着现代人的身心健康和生活质量，解决好这个问题，对于提高人们的生命、生活质量具有重大的意义。因此，开发具有辅助降低血糖功能的保健食品，无论从对人民身体健康的维护角度，还是从市场经济可行性角度，都具有积极的促进意义。

（三）现代医学对糖尿病的认识

糖尿病是一组由遗传和环境因素相互作用，因胰岛素分泌绝对或相对不足及细胞对胰岛素敏感性降低，而引起糖、蛋白质、脂肪、水和电解质等一系列代谢紊乱的临床综合征。临床上主要分为胰岛素依赖型糖尿病（1型糖尿病）和非胰岛素依赖型糖尿病（2型糖尿病）。后者占糖尿病中的绝大多数，其主要特点为持续的高血糖状态、尿糖阳性和糖耐量减低，早期可无症状。若失于治疗，可逐渐出现多饮、多食、多尿和体重减轻等"三多一少"的症候群，随着病程延长，糖、脂代谢紊乱的加重，可出现糖尿病酮症酸中毒、糖尿病非酮症高渗性昏迷、乳酸酸中毒等急性并发症和糖尿病肾脏病变、糖尿病神经病变、糖尿病眼部病变、糖尿病心血管病变、糖尿病脑血管病变、糖尿病下肢血管病变等慢性并发症，急性并发症常危及患者的生命，而慢性并发症则使患者丧失劳动力，生活质量降低，甚至危及生命。

目前，现代医学对于糖尿病的病因还没有完全阐明，因此对糖尿病的防治尚缺乏根本措施。自从1921年发现胰岛素以来，临床上已基本控制了糖尿病急性并发症的死亡率，但慢性并发症发生率却因患者增多和寿命的延长而日益突出。其治疗大都在控制饮食的基础上，结合适当的运动锻炼，同时服用降糖药物，但由于服药需要终生坚持，且存在不良反应，患者虽可接受，但难以坚持。具有辅助降血糖功能的保健食品，适宜于血糖偏高人群，是在合理用药基础上，协助药物发挥更好的作用，帮助改善糖尿病患者的症状，提高患者生活质量。

（四）中医学对糖尿病机制的认识

糖尿病属中医学消渴病范畴，消渴病是以多饮、多尿、多食、形体消瘦、尿有甜味为主要临床表现的疾病，其证候表现及发病规律与西医学之糖尿病基本一致。中国是世界上最早认识消渴病的国家，在2000多年以前，中医学就有关于消渴病的记载，《素问·奇病论篇》曰："此肥美之所发也，此人必数食甘美而多肥也，肥者令人内热，甘者令人中满，故其气上溢，转为消渴"，中医在长期的医疗实践中积累了极为丰富的防治消渴病及其并发症的宝贵经验。

中医认为，消渴病主要由于素体阴虚，复因饮食不节，情志失调，劳欲过度所致。一为饮食不节，积热伤津。长期过食肥甘，醇酒厚味以及辛辣刺激食物致脾胃运化失职，积热内蕴，化燥伤津，津液不得四布，脏腑经络皆失濡养而发为消渴。二为禀赋不足，五脏虚弱。先天禀赋不足，五脏脆弱，与本病发生关系密切，其中肾精亏虚在本病发生中的作用尤为突出。肾主藏精，受五脏六腑之精而藏之，五脏虚弱，气血内亏致肾精亏少，或先天肾之精气不足，均可导致燥热内生而发为消渴。三为情志不调，郁火伤阴。长期的精神刺激，导致气机郁结，进而化火，火热炽盛，上灼肺胃阴津，下烁肝肾之液，发为消渴。四为房劳过度肾精亏损。阴虚之体，或房事不节，劳伤过度，耗伤阴津，肾阴亏损、阴虚火旺，上蒸肺胃，随之肾虚与肺燥、胃热俱现，发为消渴。五为过服温燥壮阳药物，耗伤阴津。长期大量服用温燥壮阳药物，或久病误服温燥之品，致燥热内生，阴津亏损而生消渴。《三消论》指出"三消者，其燥热一也"，可见本病的主要病理为燥热偏胜，阴津亏耗，而以阴虚为本，燥热为标。病变脏腑主要在肺、胃、肾，且与肝失疏泄密切相关。

消渴病日久，耗气伤津，阴损及阳，可见气阴两伤或阴阳俱虚，而以气阴两虚为贯穿疾病的全过程的基本病理变化。气虚无力鼓动血行，气血运行缓慢则滞而成瘀。因此，气阴两虚，瘀血内停可分别或同时出现于本病不同个体的不同阶段。消渴中晚期会产生多种慢性并发症，或因虚极而脏腑受损，或因久病入络，络瘀脉损而成。结合糖尿病现代研究，其根本在于络损（微血管病变）、脉损（大血管病变），以此为基础导致脏腑器官的损伤，诸如胸痹、心悸、暴盲、耳聋、脱疽、痈疽、多发疮肿等。消渴日久，伤阴耗血，元气不足，肝肾亏虚，瘀血阻滞，瘀血留着心脉，心脉痹阻，出现胸痹、心悸；瘀血留着目窍，以致耳目失养，出现暴盲耳聋；或者阴伤气耗，阴寒下注，阻滞经脉，导致脱疽；或者阴液枯竭，燥热炽盛，气阴两虚，正不胜邪，疮毒侵袭导致痈疽；或者瘀血留着肌肤，营卫不行，气血壅滞，热腐成脓，出现皮肤疮肿。总之，消渴迁延不愈，进而影响正气，正气亏损，气阴两伤，瘀血阻滞，最终导致多种慢性并发症的发生。

（五）糖尿病的常见中医证型、表现及调理原则

1. 肺热型　可见神疲乏力，口渴多饮，尿频量多等。调理原则：清热润肺，生津止渴。可选择以清肺热功能原料为主的辅助降血糖类保健食品。

2. 胃燥型　可见多食，消谷善饥，胃脘嘈杂，口渴多饮，咽干舌燥，形体消瘦，舌苔薄黄腻或黄燥，舌质红，脉滑数。调理原则：健脾清胃，增液生津。可选择以清胃火功能原料为主的辅助降血糖类保健食品。

3. 肾虚型　可见腰膝酸软，畏寒，耳鸣耳聋，夜尿频多，大便溏稀，小便清长或频数，或如膏脂，舌淡胖或淡红，脉关尺细弱等。调理原则：滋阴补肾，固肾潜阳。可选择以补肾功能原料为主的辅助降血糖类保健食品。

4. 肝郁型　急躁易怒，精神紧张，两胁胀痛或窜痛。调理原则：疏肝理气，调畅情志。可选择以疏肝理气原料为主的辅助降血糖类保健食品。

5. 气阴两虚型　"三多"症状明显，倦怠乏力，心慌气短，头晕耳鸣，失眠多梦或心悸健忘，自汗盗汗，五心烦热；或骨蒸潮热，形体消瘦，唇红咽干，尿频色黄，大便干。舌苔薄白或少苔，舌质红少津，脉沉细或细数。调理原则：益气养阴，扶正固本。可选择以益气养阴功能原料为主的辅助降血糖类保健食品。

6. 血瘀型 出现合并心脑血管及神经病变者，三多症状轻重不一，伴胸闷胸痛、刺痛，或上下肢疼痛，或肢体麻木，半身不遂，面有瘀斑，月经血块多色紫。舌紫暗或淡暗，有瘀点、瘀斑，舌下静脉怒张，脉来细涩。调理原则：活血化瘀，通络疏经。可选择以活血化瘀功能原料为主的辅助降血糖类保健食品。

（六）辅助降血糖的常用原料

1. 常用的具有清肺热功能的原料 桑叶、天冬、桑白皮、生地、麦冬、葛根等。现代研究表明，桑叶通过抑制 α - 糖苷酶的活性、促进胰岛素释放、促进外周组织对糖的利用等多途径实现降糖的作用。

2. 常用的具有滋阴补肾功能的原料 山药、山萸肉、知母、龟板、牡蛎、益智仁、制何首乌、墨旱莲、黄精等。黄精具有补中益气、润肺滋阴、益肾填精的作用。现代研究表明，其提取物黄精多糖具有增强免疫、抗氧化、降低血糖的作用。

3. 常用的具有疏肝理气功能的原料 菊花、陈皮、佛手、香附、香橼、白芍等。中医通过以酸制甘理论，用白芍、五味子治疗消渴取得较好效果。

4. 常用的具有益气养阴功能的原料 人参、知母、黄芪、石斛、西洋参、玄参等。人参具有大补元气、生津止渴功能，人参的主要成分之一人参皂苷具有降低血糖等作用。

5. 常用的具有活血化瘀功能的原料 丹参、桃仁、红花、当归、川芎、赤芍、大黄等。现代研究表明，桃仁、红花、丹参、川芎等活血化瘀原料可降低空腹血糖和全血黏度。

四、抗氧化

衰老又称老化，通常是指在正常状况下生物发育成熟后，随年龄增加，自身功能减退，内环境稳定能力与应激能力下降，结构、功能逐步退行性变，趋向死亡，为不可逆转的现象，是生物体细胞、组织、器官在结构及功能上表现出的种种退化。衰老可分为生理性衰老和病理性衰老两类。疾病或异常因素可引起病理性衰老，上述现象提早出现。

（一）衰老的常见症状、表现

衰老分为生理衰老与心理衰老，其典型表现如下：

1. 生理衰老

（1）体内脂肪增多易患动脉硬化、冠心病；体内蛋白质减少，肌肉无力、水肿，免疫力降低；体内总液量减少，易发生脱水症。

（2）消化系统衰退：胃肠运动能力差，消化液分泌少，小肠壁功能降低，大肠运动功能不良，消化、吸收功能减弱。

（3）呼吸系统衰退：胸椎后凸、胸廓变形呈桶形、肺弹性降低，气管、支气管内纤毛数减少，活性降低。

（4）心血管衰退：血管壁增厚、血管弹性降低、血管阻力增加、心脏肥大，引起血压升高，冠状动脉粥样硬化，易发心律失常。

（5）泌尿系统衰退：肾功能减退，除排尿困难外，还会引起全身疾病。

（6）神经系统衰退：记忆力减退、失眠，反应迟钝，痴呆，脑萎缩。

（7）内分泌系统衰退：激素分泌减少，易患更年期疾病、前列腺肥大、糖尿病等。

（8）肝脏衰退：肝细胞缩小、变硬，解毒功能、蛋白合成能力降低。

2. 心理衰老　感知能力下降，视、听觉减弱，反应迟钝，智力衰退，记忆力下降，感到自己衰老，易感死亡威胁，引起抑郁、冷漠、孤独、多疑、恐惧等一系列心理反应，情绪处于应激状态，面对新事物自感生疏、难以适应，自尊心受到不同程度的伤害，表现出固执沉闷、消极的心理反应。

（二）衰老的发生情况及危害

在第五次全国人口普查中，我国 65 岁及以上的老年人口已超 8811 万人，占全国总人口的 6.96%，表明我国已基本进入老龄化社会。影响老年人生存质量的因素是多方面的，而衰老是最重要的原因。调查资料表明，生存质量的高低与衰老程度及慢性病、老年病的发病率成正比。因而，健康水平对老年人生存质量的影响是显而易见的。衰老影响老年人日常生活，导致生存质量下降。随着老龄化社会的到来，将会出现许许多多的社会问题，如老年社保金给付、医疗保健支出增加等。因此，寻求有效合理的方法延缓衰老过程，改善生活质量，减少老年病的发生是一项有利于全社会的重要课题。

（三）现代医学对衰老的认识

随着现代医学、分子生物学和生物技术的发展，人们对衰老有了深层次的认识，从整体水平、器官水平以及细胞和分子水平分别对衰老的机制进行了研究，在大量实验证据的基础上提出了许多新的学说。衰老机制的整体水平和器官水平研究，侧重在形态和功能两个方面。老年人生理功能的变化主要体现在：

1. 循环系统　心肌收缩力降低、血管硬化、心脑血管供血不足等。

2. 呼吸系统　肺活量降低、血氧分压降低、肺组织萎缩等。

3. 消化系统　咀嚼功能降低、味觉功能减弱、消化液分泌减少、肠蠕动减慢等。

4. 肌肉骨骼系统　骨骼肌萎缩、收缩功能减退、易疲劳、骨质疏松等。

5. 神经系统　神经细胞减少、脑质量减少、反应迟缓、记忆力降低等。

　　总而言之，衰老是全身脏器组织的生理功能衰退。

　　关于衰老机制的学说不下几十种，其中，最为广泛接受的是自由基学说。按照自由基学说理论，人体代谢过程氧化还原反应与人体的衰老密切相关，人体代谢过程氧化还原反应中形成的自由基，可与体内的核酸、蛋白质、脂质等发生反应。生成氧化物或过氧化物，从而使生物膜的通透性改变，细胞膜发生破裂分解。同时细胞内的有膜结构（如线粒体和溶酶体）也发生破裂，造成细胞代谢和功能形态的改变，引起机体一系列衰老症状。研究证明，人体的抗氧化系统是一个可与免疫系统相比拟的、具有完善和复杂功能的系统，机体抗氧化的能力越强，就越健康，生命也越长。

　　自由基是指带有未配对电子的原子、分子或基团，由于含有未成对电子，化学性质极为活泼。自由基若要稳定必须向邻近的原子或分子夺取电子而使自己的电子成对，但也因此使得电子被夺的那个原子或分子成为新的自由基，引发连锁反应，对机体产生迅速而强烈的损伤，这个过程就是"氧化"。自由基的氧化作用很强，具有强烈的引发脂质过氧化的作用，易与细胞膜中的不饱和脂肪酸作用，形成脂质自由基，对生物膜类脂结构破坏性极大；自由基还可直接或间接氧化蛋白质，并且可以使蛋白质生物合成下降；尤其是自由基可与 DNA、RNA 反应，引起主键断裂、碱基降解、氢键破坏，发生基因突变、细胞老化，导致机体衰老疾病的发生。自由基种类繁多，其中以超氧阴离子自由基（O_2^-）和羟自由基（·OH）等活性氧簇自由基（ROS）最为常见。

　　人体在不可避免地产生自由基的同时，也在自然产生着抵抗自由基的抗氧化物质，以抵消自由基对人体细胞的氧化攻击。抗氧化物的定义为"任何以低浓度存在就能有效抑制自由基的氧化反应的物质"，其作用机制可以是直接作用在自由基，或是间接消耗容易生成自由基的物质，防止发生进一步反应。抗氧化物能帮助捕获并中和自由基，从而去除自由基对人体损害。其中包括内源性的酶促系统和非酶促系统。前者包括超氧化物歧化酶（SOD）、过氧化氢酶（CAT）、谷胱甘肽过氧化物酶（GSH－Px）、过氧化物酶和维生素 A 原、维生素 E 等，而硒、锌等微量元素可作为特殊营养素，增强清除自由基非酶促系统的功能。它们均能最大限度地对各种组织中的自由基进行清除，保护机体免受自由基的损害，被称为自由基清除剂。

（四）中医学对衰老的认识

中医对人体衰老或早衰的认识源远流长，《黄帝内经》云："女子七岁，肾气盛，齿更发长。二七而天癸至，任脉通……七七任脉虚，太冲脉衰少，天癸竭……丈夫八岁，肾气实，齿更发长……七八肝气衰，筋不能动，天癸竭，精少，肾脏衰，形体皆极八八则齿发去"。认为女子"五七"35 岁、男子"五八"40 岁即进入衰老阶段，出现相应的衰老态势和特征。衰老的原因和机制虽然复杂，但肾虚是其主因，衰老学说虽然众多，但肾虚衰老说是其核心。《素问·上古天真论》中早有肾气盛衰直接影响人体生长发育的论述，继而形成了肾气虚致衰老的理论。从此，古今医家大都认为肾虚是衰老的主要原因，并在中医衰老理论中占主导地位。此外，还有先天遗传说、后天失养说、主虚说、主虚实说、五脏致虚说等等。传统的中医理论认为衰老的机制有如下几种：

1. 肾虚衰老学说　肾虚衰老学说在衰老机制的研究中受到普遍认同，肾为先天之本，人体生长、发育、衰老以至死亡的过程就是肾气逐渐充实、隆盛、衰少乃至衰竭的过程。中医认为肾藏精，主生长发育与生殖。《医学正传》曰："肾元盛则寿延，肾元衰则寿夭"。人体生长壮老的过程，以及寿命的长短，很大程度上取决于肾中精气的盛衰。肾所藏的精包括先天之精和后天之精，先天之精指受于父母的生殖之精，所以称肾为"先天之本"，后天之精指脾胃运化而生成的水谷精气和脏腑所化生的精气。肾主骨生髓，腰为肾之府，齿为骨之余，肾外荣于发，开窍于耳和二阴。肾中精气渐亏，则冲任不足，髓海空虚，发失所养，骨失所充，可见发堕齿槁、腰膝酸软、耳目不聪、思维迟钝、步履艰难等形体衰败之象。以上齿、骨、发的生长状况及听力等是肾气盛衰在体表的表现。

2. 脾胃虚弱衰老学说　脾胃为后天之本，为气血生化之源。脾胃在人体活动中起着升降枢纽的作用，肾中的先天精气也依赖于脾胃化生的后天水谷精微的充养。脾胃强健，气血化源充足，肾所藏先天之精不断得到后天的培补，则肾气不虚。脏腑经络、四肢百骸得气血充分濡养，则正气充盈，不易受外邪气侵袭，故可延缓衰老。李东垣在《脾胃论》中谓脾胃是化生元气的本源，脾胃损伤必然导致元气不足，而产生各种病变，提出"诸病从脾胃而生"，脾虚则"气促憔悴"、"血气虚弱"等观点，认为脾胃虚弱是导致衰老发生的主要原因。

3. 阴阳衰老学说　中医学认为阴阳之间的变化是一切事物运动变化的根据，同时也是生命生长、发育、衰老以至死亡的根本原因。《素问·宝命全形论》曰："人生有形，不离阴阳"，阴阳失衡会影响到机体活动的进行。人是自然的组成部分，与自然的运动规律相同，从其规律则寿，逆其规律则衰。"夫人生于地，悬命于天，天地合气，命之曰人。"如果违背四时之气变，一味任意而为，"逆其根，则伐其本，坏其真矣"（《素问·四气调神》）。"逆春气，则少阳不生，肝气内变。逆夏气，则太阳不长，心气内洞。逆秋气，则太阴不收，肺气焦满。逆冬气，则少阴不藏，肾气独沉。夫四时阴阳者万物之根本也。所以圣人春夏养阳，秋冬养阴，以从其根，故与万物沉浮于生长之门"。机体衰老的过程也就是阴阳失去平衡，出现偏盛偏衰或阴阳两虚的结果。若进一步发展，阴阳不能相互为用而分离，人的生命活动也就停止了。

4. 瘀血致衰学说　痰、瘀既是衰老及老年病过程的产物，又是致衰生病的重要因素。年老脏腑虚损（尤其是脾、肺、肾三脏），功能减退，气化失常，代谢紊乱，津液失于输布造成水液内停，凝聚成痰。如老年心脑血管病患者，多有较长时间的高脂血症和动脉硬化的病程，而高脂血症和动脉硬化的发生，痰浊为首要病因。《灵枢·营卫生会》曰："壮者之气血盛……气道通，营卫之行不失其常……老者之气血衰……气道涩"，认为气虚血瘀是导致衰老的重要机制。清·王清任提出了气虚血疲可以致衰的观点。《医林改错》曰："元气既虚，必不能达于血管，血管无气，必停留而为瘀"。《灵枢·营卫生会》曰："老者之气血虚，其肌肉枯，气道涩，五脏之气相搏，其营气衰少，而卫气内伐"，说明了痰浊是衰老的病理产物，同时又导致脏腑功能减退而衰老。正如老年人出现不同程度的老年斑，皮肤粗糙，肌肤麻木等衰老征象都是血瘀的表现。中医认为"痰可致瘀"，痰浊和血瘀又可相互影响。实验研究也表明痰证患者有突出的血液流变学改变，表现为血浆流动性降低，血液黏滞性、聚集性和凝固性增高，脑血流量减少，提示痰浊是形成血瘀的病理基础。

（五）衰老常见中医证型、表现及调理原则

1. 肾虚致衰型　可见腰膝酸软、骨弱背驼、易骨折、牙齿松动易脱落、头发枯萎或白发、耳鸣、腰酸、听力减退或耳聋、健忘痴呆、性功能减退及夜尿频多等症。调理原则：充实肾气。可选择以补肾固本功能原料为主的抗氧化、延缓衰老类保健食品。

2. 脾胃致虚型　可见神倦乏力，气少懒言、面黄消瘦，食欲不振、脘腹胀满，嗳腐吞酸，恶心呕吐，不思饮食，大便或结或溏、水肿等症状。调理原则：健运脾胃，补益脾胃、化生气血。可选择以健运脾胃功能原料为主的抗氧化、延缓衰老类保健食品。

3. 阴阳失调型　阳虚致衰可见面色㿠白、口唇色淡、形体白胖、手足发凉、不耐寒凉、大便溏薄，小便清、舌淡胖嫩、脉象沉迟而弱等症；阴虚致衰可见手足心热、视物昏花、失眠心烦、五心烦热、耳

鸣耳聋、大便干燥、骨蒸盗汗、眩晕耳鸣等症。调理原则：调整阴阳。可选择以调补阴阳功能原料为主的抗氧化、延缓衰老类保健食品。

4. 痰瘀致衰型　瘀血、痰浊是衰老过程中在肾虚基础上产生的重要病理因素。瘀血致衰可见老年斑、色素沉着、皮肤粗糙、巩膜混浊、舌质瘀黯或有瘀斑、瘀点、舌下紫筋显露等；痰浊致衰可见血液的运行障碍，心胸憋闷、失眠梦寐、健忘、咳痰、胸痛、痞满，嘈杂食欲缺乏、胁痛、乳房胀痛、月经不调、腰酸腰痛、咳喘少气等症。调理原则：活血化瘀，行气化痰。可选择以活血化瘀、理气化痰功能原料为主的抗氧化、延缓衰老类保健食品。

（六）抗氧化延缓衰老的常用原料

1. 常用的具有补肾固本功能的原料　何首乌、淫羊藿、枸杞子、女贞子、山茱萸、熟地、菟丝子、刺五加、鹿茸、杜仲、怀牛膝等。

2. 常用的具有健运脾胃功能的原料　人参、黄芪、白术、党参、甘草、茯苓、薏苡仁、山药、扁豆、玉竹、麦冬、银耳、蜂王浆、灵芝、绞股蓝等。

3. 常用的具有调补阴阳功能的原料　阳虚致衰可选择鹿茸、巴戟天、杜仲、吴茱萸、补骨脂、制何首乌、厚朴、姜黄、绞股蓝、黄芪、蜂胶、熟地黄等；阴虚致衰可选择五味子、天门冬、北沙参、玄参、麦门冬、蜂胶、鳖甲等。

4. 常用的具有化痰祛瘀功能的原料　可选择用当归、三七、丹参、山楂、川芎、大黄、红花、阿胶等活血化瘀之品，以及竹茹、陈皮、浙贝母、川贝母、桔梗等化痰祛浊之品。研究证实橘皮苷具有强烈的清除活性氧的能力，并有降低过氧化物酶活性的作用。

五、辅助改善记忆

记忆是人脑对经历过的事物的反映。我们见过的人或物、听过的声音、嗅过的气味、品尝过的味道、触摸过的东西、思考过的问题、体验过的情绪和情感等都会在头脑中留下痕迹，并在一定条件下呈现出来，这就是记忆。根据记忆材料保持时间的长短，记忆可分为瞬时记忆、短时记忆与长时记忆。日常生活中，如发现自己近期记忆力大不如从前，常记不住事，丢三落四、忘记刚刚做过的事情等，这就是我们常说的记忆力减退。医学上将记忆力减退称为"健忘"。

（一）健忘的常见表现

记忆力减退者常表现为：①思维迟钝。②记忆力衰退，理解能力差。③情绪低落，忧郁。④近期发生的事情记忆不清。⑤头晕，失眠、易醒，神经衰弱。

（二）健忘的发生情况及危害

记忆力减退，遇事善忘是健忘症的主要病症，是脑生理性衰老与病理性衰老老年痴呆的核心症状。生理性健忘以记忆力下降、记忆和回忆障碍为特征，程度较轻，无记忆以外的脑功能障碍；病理性健忘指记忆力显著低下，近事遗忘。

第五次人口普查显示，我国65岁及以上的老年人口占总人口的6.96%，我国基本已进入老龄化社会，随着老龄人口比例的增大，老年健忘症的发病人数也在日趋攀升。流行病学研究表明，中国65岁以上老年人中痴呆症发病率为3.9%，发病率随年龄增长呈指数增加，85岁以上达10%，发达国家可高达20%。现代紧张的生活节奏和高强度的工作形式使健忘症发病率有低龄化的趋势。据统计，健忘人群中女性占了60%，而家庭主妇80%有健忘经历。

（三）现代医学对健忘的认识

健忘可分为器质性健忘和功能性健忘两大类。

1. 器质性健忘 器质性健忘是由于身体的器质性病变或外伤原因引起的，包括脑肿瘤、脑外伤、脑炎等，造成记忆力减退或丧失；

某些慢性疾病，如内分泌功能障碍、营养不良、慢性中毒、动脉硬化、颈椎病等，也会损害大脑造成健忘。

2. 功能性健忘　功能性健忘主要表现为年龄增长引起的记忆力下降；嗜好烟酒引起的记忆力下降；生活、工作压力大引发心理问题，导致记忆力下降；营养不良引起记忆力下降。少年儿童的记忆力下降多是因为压力和营养引起的。

现代医学认为健忘症的发生原因主要是：

（1）疾病引起的健忘：如阿尔茨海默病，脑血管性痴呆等引起的基因突变，自由基损伤，β－淀粉样蛋白沉积、神经细胞凋亡等病理改变。

（2）衰老引起的健忘：主要指由于衰老导致的脑组织退行性病变。

具有辅助改善记忆功能的保健食品，适宜于需要改善记忆者。针对因年龄增长、不良生活习惯、营养不良等原因导致的记忆力减退，或者需要提高记忆力的情况。

（四）中医学对健忘机制的认识

记忆力减退属于中医"健忘"、"善忘"、"喜忘"的范畴。中医认为，"心藏神、肝藏魂、肺藏魄、脾藏意、肾藏智"，人的思维活动和五脏均有非常密切的关系。此外，"脑为元神之府"，脑髓盈满，则耳目聪明，精力充沛；脑髓空虚，可出现记忆减退。中医把健忘分为实证、虚证，以虚证居多。健忘病位在脑，心脾主血，肾主精髓，故与心、脾、肾三脏虚损密切相关。此外，七情所伤，久病入络，致瘀血内停，痰浊上蒙，亦可导致健忘的发生。

其发生机制为：思虑过度，劳伤心脾，则阴血耗损，生化乏源，脑失濡养；房事不节，精亏髓衰；或年高神减，五脏俱衰，均致脑失所养，神明失聪，令人健忘；情志不遂，肝郁气滞；若肝郁克脾，痰浊内生，上扰清窍；久病入络，瘀血内停，脑脉痹阻。

（五）健忘的常见中医证型、表现及调理原则

1. 心脾不足型　可见健忘失眠，精神疲倦，食少，心悸，神疲乏力等。调理原则：补益心脾。可选择以补益心脾功能原料为主的辅助改善记忆类保健食品。

2. 肾精亏耗型　症见健忘，腰酸腿软，头晕，耳鸣，遗精早泄，五心烦热等。调理原则：补肾益精。可选择以补肾益精功能原料为主的辅助改善记忆类保健食品。

3. 肝郁气滞型　可见健忘心悸，胸闷胁胀，善惊易怒，喜太息等。调理原则：行气解郁。可选择以行气解郁功能原料为主的辅助改善记忆类保健食品。

4. 痰浊上扰型　健忘，头晕，胸闷，呕恶，口多涎沫等。调理原则：降逆化痰开窍。可选择以降逆化痰功能原料为主的辅助改善记忆类保健食品。

5. 瘀血阻窍型　头痛健忘，伴肌肤甲错，口干不欲饮，双目晦暗等。调理原则：活血化瘀。可选择以活血化瘀功能原料为主的辅助改善记忆类保健食品。

（六）辅助改善记忆的常用原料

1. 常用的具有补益心脾功能的原料　人参、白术、茯苓、甘草、黄芪、当归、远志、龙眼肉、大枣等。据文献报道人参皂苷对正常动物的学习记忆能力有明显促进作用，对受损动物的学习记忆有明显的保护作用。

2. 常用的具有补肾益精功能的原料　熟地黄、山药、山萸肉、茯苓、丹皮、酸枣仁、五味子、远志、核桃肉、黑芝麻、百合、枸杞、制何首乌、黄精等。

3. 常用的具有行气解郁功能的原料　厚朴、青皮、香附、玫瑰花等。

4. 常用的具有降逆化痰功能的原料　陈皮、紫苏子、茯苓、枳

实、竹茹、杏仁、海带等。

5. 常用的具有活血化瘀功能的原料 丹参、红花、川芎、当归、桃仁、赤芍等。

六、缓解视疲劳

视疲劳是眼或全身器质性病变与精神（心理）因素相互交织的综合征，是一组表现为用眼后出现视觉障碍、眼部不适及全身症状以至不能正常进行视作业的症候群。

（一）视疲劳人群的常见表现

（1）眼胀、畏光、流泪、一过性复视、阅读时跳读或串行、视物模糊或视力检查不稳定、眼球或眶周出现压迫感、钝痛，眼睑沉重或干燥不适，眼内或眼周搏动感伴额部头钝痛或跳痛等，经常不自觉皱眉、眯眼及频繁眨眼。

（2）工作不能持久，可出现头晕、胸痛、恶心呕吐以及面色苍白、眩晕、盗汗、颈部肌肉酸痛等自主神经系统症状。还可伴有萎靡不振、嗜睡或失眠、注意力不集中、记忆力减退、烦恼、易怒、急躁等精神症状以及颈肩腰背酸痛、关节功能障碍等全身症候群。

（二）视疲劳的发生情况及危害

随着信息交流方式的变化和工作节奏的加快，人群中视疲劳患者有逐渐增多的趋势。在使用计算机、监视仪，长时间看电视、玩电子游戏机的人群中，这一趋势表现得尤为明显。长期视疲劳可致眼压升高、近视度数加深，还可诱发斜视及弱视等，并伴随多种神经、精神症状，可导致学习、工作能力下降。我国青少年视疲劳、近视眼的发病率较高，严重影响了青少年的身心健康。

（三）现代医学对视疲劳的认识

视疲劳并非独立的眼病，而是以患者自觉眼部症状为基础，眼或全身器质性病变与精神因素相互交织的综合征，也常被称为眼疲劳综合征。视疲劳发生原因既有眼部因素，又有全身及环境因素。外界因素是引起视疲劳的重要原因，如光照不足或过强，光源分布不均或闪烁不定，注视目标过小、过细或不稳定等。多数视疲劳是几个因素共同作用引起，其中屈光不正、佩戴不合适眼镜、长时间看电视和操作电脑是主要因素，隐斜视和调节、集合功能异常也为常见因素。

引起视疲劳的常见原因有：①屈光不正。包括近视、远视、散光没有得到及时矫正。②眼镜佩戴不合适。如近视眼度数偏高、远视度数不够等。③两眼屈光度相差太大。④隐斜视、眼外肌麻痹、眼肌用力不平衡。⑤老年人由于调节力下降看近物不清。⑥眼科病。如青光眼时眼压高，眶上神经痛以及副鼻窦炎都可引起视疲劳。⑦其他症状。用脑过度、写字时桌椅高低不合适、光线过强或过弱等。⑧神经因素。副交感神经和视皮层的高度兴奋。⑨长时间近距离地工作，导致调节紧张。

视疲劳多以对症治疗为主，可采用神经营养剂、镇静剂或局部滴用 β 受体阻滞剂，针对性较差。近些年出现的花青素、表面活性剂等药物尚处于研究阶段。有学者认为视疲劳患者眼球经常处于紧张状态，眼外肌和睫状肌代谢增加，造成代谢废物和氧自由基增加，进一步加重视疲劳。由于花青素具有抗氧化作用，推测其可以消除和缓解眼部疲劳症状，但其有效性有待进一步研究。另外，通过视觉训练，棱镜矫正治疗视疲劳疗效较为肯定，但应用面窄，不能满足视疲劳防治的需要。

（四）中医学对视疲劳机制的认识

中医认为久视伤血，脉络失和是导致本病发生的病理机制。现代中医眼科多认为本病发生的基本病机有二：一是久视劳心伤神，耗气损血，以至目中经络涩滞，发为本病。二是劳瞻竭视，筋经张而不弛，肝肾经血亏耗，经血不足，筋矢所养，调节失司，发为本病。

（五）视疲劳的常见中医证型、表现及调养原则

1. 肝肾阴虚型　可见视物模糊、眼睛干涩，对光敏感等。调养原则：滋补肝肾。可选择桑葚、菟丝子等以补益肝肾类原料为主制成的有缓解视疲劳功能的保健食品。

2. 肝血不足型　可见阅读不能持久、两目昏花、视物不清等。调养原则：益精养血。可选择黑芝麻、当归等以益精养血类原料为主制成的有缓解视疲劳功能的保健食品。

3. 肝经火旺型　可见视物不清、眼部疼痛、酸胀、异物感、流泪、畏光等。调养原则：清肝明目。可选择菊花、决明子等以清肝明目类原料为主制成的有缓解视疲劳功能的保健食品。

（六）缓解视疲劳的常用原料

1. 常用的具有滋补肝肾阴虚功能的原料　桑葚、菟丝子、枸杞子、熟地黄等。祖国医学认为，桑葚性甘味寒，具有补肝益肾、生津润肠、乌发明目等功效。桑葚可以明目，缓解眼睛疲劳、干涩的症状。国内外研究表明，桑葚中氨基酸种类齐全，其中赖氨酸含量为0.2/100，它是大脑神经细胞再生的第一限制性氨基酸，对糖尿病神经眼底病变具有治疗作用。菟丝子滋补肝肾，养肝明目，用于肝肾不足，视物昏花，视力减退，并有延缓白内障形成的作用。枸杞子补肾益精，养肝明目，治肝肾阴亏，腰膝酸软，头晕，目眩，目昏多泪等。

2. 常用的具有益精养血功能的原料　黑芝麻、当归、白芍、阿

胶、葛根、三七等。黑芝麻补肝肾，益精血，润肠燥，用于视物模糊，眼睛干涩等。黑芝麻含有丰富的油酸、亚油酸及甘油酸，均系不饱和脂肪酸，是人体组织细胞的重要组成成分，常吃能使眼睛明亮有神。当归有补血养血的功效，目不得血而不能视，补血与其他药配伍，方能奏效。有研究提示当归多糖可通过改善造血微环境来调控造血。白芍养血柔肝，用于肝血不足，目涩。

3. 常用的具有清肝明目功能的原料　菊花、决明子、珍珠粉等。菊花味甘苦，性微寒；有散风清热、清肝明目和解毒消炎等作用。菊花茶对于治疗眼睛干涩、疲劳以及视力模糊有一定疗效，尤其对眼眶疼、眉心部位酸胀引起的畏光、流泪、视物重影有一定效果。决明子具有清热、明目、补脑髓、镇肝气、益筋骨等作用，用于精血不能上济于目，眼目昏花，视力减退等，对近视眼和夜盲症有一定的防治作用。珍珠粉清肝明目，用于目生云翳。有实验研究表明，珍珠水解液能疏通微循环，增加兔眼球结膜的毛细血管交点数，增加血流速度，具有改善兔眼球结膜微循环障碍和阻止微循环障碍形成的作用。

（七）缓解视疲劳常用的现代医学治疗手段

现代医学研究表明，花青素、叶黄素、虾青素、越橘、维生素 A 等对缓解视疲劳具有良好的作用，视疲劳者均可适量补充。

1. 原花青素　原花青素对改善眼部疲劳和近视患者的视力有明显作用，可降低炎性介质组胺、缓激肽等引起的毛细血管通透性增高，从而能改善眼部毛细血管的抵抗力和通透性，保护毛细血管的物质转运能力。原花青素作为一种有效的自由基清除剂，可以抑制晶状体氧自由基的生成和脂质过氧化，刺激角膜合成Ⅵ型胶原和蛋白聚糖，保护角膜中葡萄糖胺聚糖和蛋白聚糖免受水解酶的降解，具有良好的保护角膜基质细胞的作用，能有效缓解或消除因视觉疲劳而引起的视物模糊、眼球发胀、眼痛、畏光、眼干涩和眼球酸累感等症状。

2. 叶黄素　叶黄素是一种广泛存在于蔬菜、花卉、水果和某些藻类生物中的天然色素，人体不能直接合成，食物是唯一来源。美国FDA于1995年批准其作为食品补充剂。叶黄素具有良好的眼保健功能，有助于视觉发育，并对年龄相关性黄斑变性、白内障、视网膜损伤等眼部疾病具有防治作用。

叶黄素可缓解视觉疲劳，使注视的持久力增加。由于具有维持信号转导的作用，补充叶黄素可使长期荧屏光暴露者明视持久度得到改善。叶黄素在视网膜上富集，不仅能改善细胞间隙连接通讯功能，维持视网膜的正常视觉，而且可抑制由光损伤造成的感光细胞凋亡，在防护视网膜光损伤中起着至关重要的作用。它在人眼视网膜内形成蓝光过滤器，减少蓝光到达感受器及视网膜神经细胞的概率，从而对视网膜细胞具有保护作用。

3. 虾青素　虾青素能够防止视网膜上的光感受器的退化，减轻眼酸痛、眼干涩、眼疲劳和眼模糊等症状。

4. 越橘　越橘花色苷具有保护和提高视力的作用，能增强夜间视力和提高暗适应能力，它对于强光所造成的一过性视力低下也非常有益，可帮助缩短视力恢复时间。另外，越橘花色苷还能保护毛细血管，维持视觉功能相关的眼部正常微循环，由内而外供给眼部深层营养，并帮助消除眼内自由基，改善眼睛疲劳。

5. 维生素 A、β-胡萝卜素、维生素 C、维生素 E、B 族维生素和硒
维生素 A 与感光有直接的关系，是和视力直接相关的营养素。自由基会对眼球及视神经造成伤害，所以有助于捕捉自由基的营养素如β-胡萝卜素、维生素 E、维生素 C、维生素 B_2 及矿物质中的硒对缓解视疲劳有间接效果。

七、促进排铅

铅在工业生产和日常生活中广泛应用，存在于我们赖以生存的环境中，铅污染威胁人类健康，主要来源于含铅食品、油漆类物品、含铅化妆品、染发剂、汽车尾气等。铅类化合物很难降解，沉积于机体，可对骨髓造血系统、心血管系统、免疫系统、神经系统等产生毒害作用。

正常血铅水平为：$0 \sim 99 \mu g/L$。检测发现血铅 $\geqslant 100 \mu g/L$，可确定为铅中毒。

（一）铅超标人群的常见表现

铅超标人群主要表现为：影响红细胞的功能和寿命、导致心脏自主神经紊乱，对形成长期记忆中起关键作用的蛋白合成及脑神经细胞造成损伤、损害肾小管功能等。主要症状有乏力、头晕、睡眠障碍、口内金属感、食欲不振、腹胀、腹泻、腹部隐痛、关节痛等。儿童表现为多动、偏食、厌食、贫血、生长迟缓、烦躁易怒、注意力分散、学习成绩差，运动失调、夜睡不宁、腹痛、腹胀、便秘等。

（二）铅超标的发生情况及危害

由于工业污染和汽车尾气排放等造成的大气污染，铅中毒已成为人民身体健康的潜在威胁。据报道进入人体内的铅，来自空气的占第二位，仅次于来自食物的，铅在生物体内的半衰期为 4 年，因此体内的铅会随蓄积不断增加直至造成毒性反应。铅能影响铁与血红素合成血红蛋白的生化过程，降低血红蛋白的含量。另外，铅可以与蛋白质及氨基酸中的巯基作用，从而降低细胞 D－氨基乙酰丙酸脱水酶、ATP 酶、过氧化物酶及乙酰胆碱酯酶等酶活性。

人体对于铅危害最为敏感的首推神经系统，低剂量接触铅会使机体在学习记忆、运动反应能力、情感及本体感受系统等方面受到广泛的影响；高剂量接触铅则可导致机体血－脑屏障功能的丧失，从而造成严重的脑损伤。同时，铅对机体造血系统、生殖系统、骨组织、肾脏和肝脏等均有不同程度的损伤。因此如何阻断铅的吸收以及排出体内潴留的铅，正日益受到人们的高度重视。

（三）现代医学对铅超标的认识

随着人们接触铅日益增加，铅中毒也逐渐成为一种常见病，尤其是儿童铅中毒发生率逐年上升。铅作为一种不可逆的环境污染物，半衰期极长，主要通过食物、土壤、水和空气经消化道和呼吸道进入人体。当儿童血铅水平超过 $100\mu g/L$ 时，将严重损害儿童的神经系统，影响儿童的智力和行为发育，铅在儿童消化道的吸收率高达 42% ~ 53%，为成人的 5 ~ 10 倍，且儿童的器官处于未成熟阶段，而其排铅能力仅为成人的 65%，即使低水平的血铅，也会对儿童的智力发育和行为造成不良的影响。儿童年龄越小对铅的易感性越高。所以，预防铅对儿童的损害是一个值得全社会关注的问题。

目前，临床上应用的驱铅药物品种较单一，主要还是疏基类竞争解毒剂和金属螯合剂。临床治疗铅中毒，是通过驱铅药物结合血液和组织中的铅，使铅与药物的结合物经尿液或粪便排出，达到降低体内铅负荷，阻止铅继续对机体产生毒性作用。这些药物在排除体液和组织细胞中的铅等重金属离子时存在选择性不强，肝肾毒性、过敏等问题。因此，寻找对机体内的其他元素代谢没有影响，能够降低靶细胞的铅负荷，预防或改善铅毒性引起功能损害的天然、低毒排铅产品已备受关注。

（四）现代医学对铅超标机制的认识

铅作为一种最常见的环境污染物，以多种理化形态存在。铅毒对机体的危害是多系统、多器官且不可逆的。进入体内的铅通过与 Ca^{2+} 等二价金属离子竞争受体，产生自由基氧化损伤及基因损伤，引起细胞凋亡等多种方式，严重损伤机体。大脑作为铅毒最敏感的靶器官之一，对婴幼儿的身体生长和智力发育影响明显，进而损伤认知功能、神经行为和学习记忆等脑功能，甚者可造成临床性痴呆。

铁摄入不足与儿童轻度铅中毒有密切的关系，血铅浓度与膳食铁摄入量呈显著负相关。有研究观察到低钙饲料导致动物肾、肝、红细胞中铅含量大幅度增加，而低磷饲料仅使肝铅含量增加，与人体内铅保留呈负相关。补充锌和赖氨酸可减少组织中铅的积累，防治由铅引起的一系列生化反应。

（五）铅超标的表现及调养原则

对铅超标主要是采取络合、吸附、拮抗的原则，降低其消化道吸收，加大胆汁排铅容量，使体内的铅形成大复合物，排出体外。

轻度铅超标者，表现为食欲不振、腹胀、乏力、头晕等，可选用补充维生素和大蒜、绿豆、牛奶等来调养。

中度铅超标者，表现为头晕、睡眠障碍、腹胀、腹部隐痛、关节痛等，可选用一些中药和保健食品如甘草、泽泻、甲壳素、壳聚糖、魔芋提取物等来调养。

重度铅超标者，表现为口内金属感、腹泻、腹部隐痛、关节痛、头晕、头疼、睡眠障碍，儿童表现为生长迟缓、烦躁易怒、注意力分散等，应首选药物治疗。

（六）促进排铅的常用食品原料

包括魔芋提取物、甲壳素、中药原料、矿物质和维生素以及绿豆、牛奶、富含果胶和维生素的水果、富含蛋白质等食品原料。

1. 魔芋提取物　主要成分是葡甘聚糖，为一种难以被人体消化的半纤维素。体外研究表明：魔芋精粉可与铅特异性结合并促使其排出，能降低消化道铅吸收和体内铅潴留，且摄入魔芋提取物还不影响钙、铁、锌、铜等必需元素吸收，因此，魔芋提取物可作为防治铅中毒的保健食品。

2. 甲壳素　广泛存在于甲壳类动物外壳、动物骨骼和真菌细胞中。壳聚糖、壳寡糖及衍生物分子中含有大量的羟基、氨基等基团，对人体内铅离子具有高效的靶向吸附和捕集能力，与其形成稳定的螯合物而后将之排出体外，对人体内钙、铁和锌等有益矿物元素，却无不良影响。

3. 具有排铅功能的中药原料　中药立足解毒祛邪，辅以健脾扶正，具有一定的作用效果。它不但能降低机体的铅负荷，且副作用小、排铅选择性高，同时中药所含的活性成分和微量元素种类繁多，也有利于整体的协调作用。

（1）甘草：甘草在历代知名药书上都被称为解百毒的圣药。甘草在肝脏分解为甘草次酸和葡萄糖醛酸，含量最高的有机化合物为甘草酸（达 1%～5%），其单铵盐——甘草酸铵可促进维生素 C 与铅的结合，增大维生素 C－铅配合物的配合稳定常数，有利体内铅的排出；甘草酸的苷元为甘草次酸，甘草酸及其苷元均容易与金属离子结合，达到解毒的作用。

（2）枸杞子：现代医学分析表明，枸杞子中富含的甜菜碱，可以替代蛋氨酸类的含硫氨基酸和胆碱的消耗，降低神经递质的释放，增强记忆功能。

（3）泽泻：含挥发油、生物碱、苷类、天冬氨酸、植物甾醇、脂肪酸、胆碱及泽泻醇等，含钾量很高。其中大量的羟基和羧基可以与金属离子形成五环状螯合物，随代谢途径排出。

（4）茯苓：茯苓等健脾中药有利尿解毒的作用，有助于不溶性铅化合物的排泄。五苓散（茯苓、猪苓、泽泻、白术和桂枝）、四苓散（茯苓、猪苓、泽泻和白术）等经试验证明利尿作用显著，可以增加铅等有害重金属离子随尿液的排出量。

4. 矿物元素和维生素　事实上，利用矿物元素和维生素来促进排铅和防治铅中毒在半个世纪前即为人们所认识，以之为主的营养保健食品的相继问世，增强了铅作业工人对重金属毒害机体的防御能力。铅中毒非药物防治被广大民众所接受却是 20 多年前才逐步实现的。常用的原料包括钙、铁、锌、硒、维生素 B_1、维生素 B_6、维生素 C 等。

钙与铅在体内有拮抗作用，增加钙的摄入可降低铅的吸收和毒性。铁不足会促进组织对铅的吸收，而血铅浓度的高低对铁的摄入影响不大。赖氨酸和锌的协同作用可预防由铅所引起的内源性钙和镁的耗竭。注意膳食中铁、钙、磷等微量元素的摄入，对预防铅中毒有一定的益处。

硒是抗氧化酶 GSH – Px 的重要成分，与金属有很强的亲和力，在体内可与铅结合成金属硒蛋白复合物并使之排出体外。

适量摄入维生素 C 可以减轻体内的铅负荷，达到预防铅中毒的目的。试验表明维生素 C 和锌联合作用可明显降低血铅浓度。也有试验证明，维生素 B_1、维生素 B_6 可降低铅中毒实验动物血铅、肝肾铅水平。

5. 食品　如富含果胶和维生素的食品以及富含钙、铁、蛋白质的食品。

水果中的果胶具有抑制铅吸收的作用，水果还含有较多糖类及异黄酮等功效成分，可保肝护肝，保障正常的解毒功能。柑橘、菠萝、香蕉、苹果等水果富含果胶和维生素。

蛋白质中的胱氨酸、蛋氨酸等含硫氨基酸与铅结合形成不溶物，故可阻抑铅的吸收被排出体外。牛奶、蛋、鱼等富含蛋白质。

钙、铁在体内与铅竞争同一个运载蛋白，钙、铁多则铅不被运输，与蛋白质形成不溶物而排出体外。富含钙的食品有：虾皮、奶类、豆类及其制品。蟹、芝麻、芥菜、萝卜叶、杏仁、瓜子、核仁、花生、猕猴桃、海参、海带、紫菜等。富含铁的食品有：肝、黑木耳、红枣、蛋、紫萝卜、西红柿、山楂等。

一些蔬菜、水果中的维生素 C 能与铅形成一种不易解离的抗坏血酸盐，此种物质可随粪便排出体外，降低铅吸收。

八、清咽

所谓"清咽"，顾名思义就是清除咽部不适，原本是一个中医学名词。有的咽部不适症状仅出现在急性咽炎、扁桃体炎等急性病程中，疾病痊愈后咽部不适症状即消失；有的咽部不适症状反复发作、迁延不愈，常与西医学的慢性咽炎有关。西医学认为，慢性咽炎是咽部黏膜、黏膜下组织弥漫性、慢性感染的一种慢性上呼吸道炎症。

（一）慢性咽炎的常见表现

慢性咽炎的主要表现有咽痛、咽痒、咽干、干咳、异物感等，常因黏稠分泌物附着于咽后壁，而在晨起时出现较频繁的刺激性咳嗽，但常无痰或仅有颗粒状藕粉样分泌物咳出，并伴有恶心。以上症状在说话多、受凉、咽部受刺激后加重。

（二）慢性咽炎的发生情况及危害

慢性咽炎多发生于成年人。据资料统计在城镇人口中其发病率占咽部疾病的10%～20%，在农村人口中发病率占5.5%，并且有逐年上升的趋势。其病程长，症状顽固，容易复发，不易治愈。

（三）现代医学对慢性咽炎的认识

引发慢性咽炎的因素有：反复发作的急性咽炎；慢性扁桃体炎、龋齿等周围组织或器官的疾病；鼻部疾病引起鼻堵塞、长期张口呼吸；鼻分泌物后流刺激咽部；长时期烟酒过度；吸入粉尘和有害气体；全身慢性疾病如风湿病、糖尿病、心脏病、贫血、肝硬化、肾炎以及下呼吸道慢性感染等。

咽炎易复发，因此要重视预防，生活中应注意：增强体质，预防上呼吸道疾病；积极治疗感冒，咽喉、鼻、口腔的炎症；保持周围空气湿润、清洁；避免过多地讲话；保持清淡饮食，忌辛辣、油腻、过甜及过咸的食品；少吃瓜子、花生等炒货。

（四）中医学对慢性咽炎机制的认识

慢性咽炎属中医学喉痹、梅核气范畴。中医学认为咽为肺之门户，手少阴心经上挟咽，足厥阴肝经循喉咙之后，足太阴脾经挟咽，足少阴肾经循喉咙，挟舌本，故咽和五脏关系密切。慢性咽炎多由于素体肺肾阴虚，或风热喉痹反复发作，余邪滞留不清，或心火上炎，或肝失疏泄，脾失健运，使气、血、痰、火随经上炎，郁结于咽喉，伤津耗液，咽喉失于濡养，肺气不得宣通所致。每逢外感或情志不遂而使病情加重，发展为难以治愈的虚实错杂证候。

（五）慢性咽炎的常见中医证型、表现及调养原则

1. 肺肾阴虚证　症见咽干不适，灼热，咽部隐隐作痛，咽痒干咳，有异物感。伴午后潮热，干咳少痰，唇红颧赤，手足心热，精神疲乏，失眠梦多。舌红少津，或舌干红少苔，脉细数。调养原则：养阴生津，润肺利咽。

2. 脾胃虚弱证　症见咽部微干，微痛，微痒，时欲温饮，而量不多，咽部有痰或异物黏着感，每因劳累而诸症加重。伴面色萎黄，气短懒言，纳呆腹胀。舌质淡有齿痕，苔薄白，脉缓弱。调养原则：补中益气，升清利咽。

3. 肾阳亏虚证　症见咽部微干，口干不欲饮，或喜热饮但量不多，有异物感或痰黏着感；或见面色㿠白，语声低微，小便清长，大便溏，头晕耳鸣，倦怠肢冷。舌淡苔白，脉沉细弱。调养原则：温肾扶阳，引火归原。

4. 气血瘀滞证　症见咽喉不适，日久难除，有梗阻感，或轻刺感，咽干。颈部紧缩感。伴有胸胁胀痛，精神抑郁，妇女月经不调，行经腹痛，或有血块。舌质暗红，舌边尖瘀斑，苔薄黄，脉弦涩。调养原则：理气解郁，活血化瘀。

5. 痰湿上结证　症见咽异物感明显，咽腔色淡或淡红。肿胀肥厚，咽底附白黏液，胸胁闷胀，恶心欲呕，纳呆，咳白黏痰，量多，舌淡，苔白腻，脉弦或滑。调养原则：燥湿化痰，散结利咽。

（六）清咽的常用原料

1. 常用具有养阴生津，润肺利咽功能的原料　玄参、麦冬、生地。

2. 常用具有补中益气，升清利咽功能的原料　黄芪、党参、白术、炙甘草。

3. 常用具有温肾扶阳，引火归原功能的原料　肉桂、熟地、山茱萸、山药。

4. 常用具有理气解郁，活血化瘀功能的原料　枳壳、川芎、桃仁、红花、当归、赤芍。

5. 燥湿化痰，散结利咽常用原料　陈皮、茯苓、浙贝母。

九、辅助降血压

按照《中国高血压防治指南（第三版）》的分类，目前在我国成年人收缩压＜120mmHg 和舒张压＜80mmHg 为正常血压，收缩压 120～139mmHg 和（或）舒张压 80～89mmHg 为正常高值血压，收缩压≥140mmHg 和（或）舒张压≥90mmHg 为高血压。将血压水平 120～139/80～89mmHg 定为正常高值血压，是根据我国流行病学调查研究数据的结果确定的。血压水平 120～139/80～89mmHg 的人群，10 年后心血管风险比血压水平 110/75mmHg 的人群增加 1 倍以上；血压 120～129/80～84mmHg 和 130～139/85～89mmHg 的中年人群，10 年后分别有 45% 和 64% 成为高血压患者。高血压则被定义为，在未使用降压药物的情况下，非同日 3 次测量血压，收缩压≥140mmHg 和（或）舒张压≥90mmHg。收缩压≥140mmHg 和舒张压＜90mmHg 单列为单纯性收缩期高血压。既往有高血压史，目前正在用抗高血压药，血压虽然低于 140/90mmHg，亦为高血压。

（一）高血压人群的常见症状、表现

高血压一般表现为头晕、头痛、耳鸣、眼花、乏力、失眠等，有时有心悸和心前区不适感。如果血压长期较高出现并发症，造成脑、心、肾、眼底等损伤，则会出现相应表现，如长期血压升高使脑血管

硬化，在此基础上可发生脑动脉血栓形成和微小动脉瘤，如果动脉瘤破裂则引起脑出血；累及心脏使左室后负荷加重，心肌肥厚与扩大，逐渐进展可出现心力衰竭或者导致动脉粥样硬化的形成而发生冠心病；累及肾脏则会使肾细小动脉硬化，引起肾单位萎缩、消失，最终导致肾功能衰竭；累及视网膜则会出现视网膜动脉狭窄、出血、视盘水肿。

（二）高血压的发生情况及危害

高血压是脑卒中（中风）、脑出血、冠心病、心肌梗死、心力衰竭等非传染性慢性疾病的危险因素。目前全世界成人中有 25%～35% 为高血压患者。而年龄 > 70 岁人群中则上升到 60%～70%。一项社区老年人高血压流行病学调查结果显示老年人高血压患病率约为 37.88%，其中老年男性为 37.04%，老年女性为 38.57%。过去 50 年，我国曾进行过四次大规模高血压患病率的人群抽样调查。虽然各次调查的规模、年龄和诊断标准不尽一致，但基本上较客观地反映了我国人群 50 年来高血压患病率的明显上升趋势。根据 2002 年调查数据，我国 18 岁以上成人高血压患病率为 18.8%，估计目前我国约有 2 亿高血压患者，每 10 个成年人中就有 2 人患有高血压，约占全球高血压总人数的 1/5。在我国高血压人群中，绝大多数是轻、中度高血压（占 90%），轻度高血压占 60% 以上。然而，我国人群正常血压（ < 120/80mmHg ）所占比例不到 1/2。血压正常高值水平人群占总成年人群的比例不断增长，尤其是中青年，已经从 1991 年的 29% 增加到 2002 年的 34%，是我国高血压患病率持续升高和患病人数剧增的主要因素。

虽然我国人群对高血压的知晓率、治疗率、控制率呈逐渐增高趋势，但是与美国人群的这一组数据相比仍然明显偏低。由此也在一定程度上说明我国居民对于高血压的知晓率以及治疗率均有待提高，我国居民应该加强对自己血压的监测，尤其是老年人，以免引起严重的并发症。

（三）现代医学对高血压病的认识

高血压按病因一般可分为原发性和继发性（症状性）两大类，原发性高血压是指经多方检查仍不能找到确切病因的高血压，约占全部高血压总人数的90%左右，原发性高血压根据其病情和病程的进展速度，可分为缓进型（缓慢型、良性）和急进型（恶性）高血压，临床上95%以上原发性高血压属于缓进型，急进型高血压仅占 1% ~ 5% 。继发性（症状性）高血压是指具有明确病因的高血压，血压增高只是某些疾病的一种临床表现。而高血压病的发病原因与多种因素有关，主要有：遗传因素；生活工作压力大，过度紧张等神经精神因素；肥胖；吸烟、酗酒、进食高脂高盐饮食的不良生活方式；肾素 – 血管紧张素 – 醛固酮（RAA）系统平衡失调；钠摄入过多以及胰岛素抵抗等。

高血压是心脑血管疾病最主要的危险因素，其脑卒中、心肌梗死、心力衰竭及慢性肾脏病等主要并发症，致残、致死率很高。按临床表现可以将高血压病分为三期。

1. 一期高血压　即血压达到确诊高血压水平，临床无心、脑、肾并发症表现者。

2. 二期高血压　即血压达到确诊高血压水平，并有下列一项者：①X 线、心电图或超声波检查见有左心室肥大。②眼底检查见有眼底动脉普遍或局部狭窄。③蛋白尿和（或）血浆肌酐轻度升高。

3. 三期高血压　即血压达到确诊高血压水平，并有下列一项者：①脑出血或高血压脑病。②左心衰竭。③肾功能衰竭。④眼底出血或渗出，视盘水肿或有或无。

（四）中医学对高血压机制的认识

肝主疏泄，为风木之脏，相火内寄，体阴而用阳，阴常不足，阳常有余，若肝阴阳气血失调可出现肝郁抑脾、肝气犯胃等证，肝郁日久化火或肝阳疏泄太过，损及肝肾之阴，发展到阴不制阳，最终成本虚标实、阴虚阳亢之高血压病；肾为先天之本，阴阳之根，藏精主水，肾精衰退、肾阴阳失调引起的高血压病，特点是多虚多瘀，以虚为主，夹杂痰瘀，病程缠绵，且渐进发展，病情较重，易衍生许多变证；脾胃为后天之本，主运化水谷，气血生化之源，同时又是气机升降之枢纽，饮食失节、过忧、过思、过劳皆可使脾胃功能受损，五脏气血化生无源，脏腑功能减退，可致气虚血瘀，一则清阳不升，一则血阻气滞而发高血压；心为"君主之官"，主要功能是主血脉，是心阴阳气血协同作用的结果，若心气、心阳不足，可致气虚血瘀或阳虚寒凝，脉道不利阻力增高致血压升高，而心之阴血不足可使脉道不充，上窍失养而发病。另外，高血压的发病与气血阴阳的亏虚有关，也有因痰致病，如饮食不节，伤于脾胃，失于运化，或脾胃虚寒，痰饮停留，中焦积聚，清阳之气，窒塞不伸，而为恶心眩晕之症，谓之虚痰眩，或胸中痰浊，随气上升，浊之气扰乱头目，阳气盘郁于上不得下行，谓之实痰眩。高血压病早期以肝为主，中期累及脾、心、肾脏，后期则以肝肾为主。

（五）高血压的常见中医证型、表现及调养原则

1. 肝火亢盛型　可见眩晕、烦躁易怒、失眠多梦、颜面潮红、口苦、口干、便秘，舌红苔黄、脉弦数等症。调养原则平肝潜阳，清火熄风。可选择以平肝泻火功能原料为主的辅助降血压类保健食品。

2. 肾阴虚阳亢型　可见眩晕、头痛、腰酸、膝软、恶心、烦热，可兼见心悸、少寐多梦、两目干涩、视力减退、耳鸣、健忘、舌红少苔、脉弦细而数。调养原则：滋阴潜阳。可选择以滋补肝肾，育阴潜阳功能原料为主的辅助降血压类保健食品。

3. 阴阳两虚型　可见眩晕、头痛、腰酸、膝软、畏寒肢冷、耳鸣、心悸、气短、夜尿频、舌淡苔白、脉沉细弱等症。调养原则：滋补阴阳。

4. 痰湿内阻型　可见眩晕、头痛、头重昏蒙或头如裹、胸闷、呕吐痰涎、心悸、失眠、口淡、食少、舌胖苔腻、脉濡滑。调养原则：化湿祛痰，健脾和胃。可选择以燥湿化痰，利尿泄浊功能原料为主的辅助降血压类保健食品。

5. 瘀血内阻型　可见眩晕、头痛、失眠、心悸、面唇紫暗、舌暗有瘀斑、脉涩或细涩等症。调养原则：祛瘀生新，活血通窍。可选择以活血化瘀功能原料为主的辅助降血压类保健食品。

（六）缓解高血压的常用原料

1. 具有平肝泻火功能的原料　有天麻、石决明、牡蛎、罗布麻、蒺藜等。研究表明水提法和醇提法制备的天麻注射液和浸膏，均有明显的降压作用。国外研究发现罗布麻叶提取物对自发性高血压大鼠有明显的降压作用。

2. 具有滋补肝肾，育阴潜阳功能的原料　有何首乌、女贞子、杜仲、山药、桑葚、熟地黄等。研究发现杜仲提取物中含有生物碱、绿原酸、桃叶珊瑚苷和糖类等与降压作用有关的物质，使用其进行急性降压实验，效果明显。

3. 具有燥湿化痰，利尿泄浊功能的原料　有竹茹、茯苓、白术、苍术、薏苡仁、泽泻、车前子、砂仁、白豆蔻等。研究表明车前子降血压与其含有车前素有关，车前素能兴奋副交感神经，阻抑交感神经，由此使末梢血管扩张，导致血压下降。另外在临床上也有关于利用车前子的利尿作用，清肝泄热引血下行以降低血压的报道。

4. 具有活血化瘀功能的原料　有红花、桃仁、赤芍、当归、川芎、白芷、蒲黄、三七、山楂等。山楂流浸膏、黄酮或水解产物均有缓慢而持久的降压作用，其降压原理为扩张外周血管。

十、改善睡眠

失眠通常指人们对睡眠时间和（或）睡眠质量不能满足并影响日

常生活的一种主观体验。失眠是高级中枢神经系统功能紊乱的一种反应，主要为大脑皮层的抑制和兴奋转换功能失调，在大脑该抑制时，反而兴奋，如夜间失眠，心悸，多汗等；而该兴奋时，表现为大脑抑制，如白天头晕目眩，疲劳乏力等。

（一） 失眠的常见表现

失眠，以经常不能获得正常睡眠为特征，主要表现为睡眠时间、深度的不足，轻者入睡困难，或寐而不酣，时寐时醒，或醒后不能再寐，重则彻夜不寐，醒后感到疲倦或缺乏清醒感，白天思睡。经常失眠会给人带来极大的精神和肉体上的痛苦，出现头晕脑胀、耳鸣、健忘、注意力不集中等诸多不适，不能消除疲劳、恢复体力与精力，严重影响到患者的身心健康、工作和生活的质量。现代医学认为连续 3 周感到睡眠不足，引起明显的功能障碍时，即可确定为失眠症。

（二） 失眠的发生情况及危害

睡眠是人最重要的生理需求，人的一生有三分之一的时间是在睡眠中度过的。良好的睡眠质量是人体消除疲劳、恢复体力的重要保证，是人体健康的重要标志。随着现代生活节奏的加快，工作压力的增加，受到失眠困扰的人越来越多，尤其是 30～50 岁的中青年脑力劳动者更是失眠的高发人群，失眠已被睡眠专家称为 "悄然流行的扩张病"。国际睡眠基金会在美国的一项大规模民意调查发现，56% 的美国人在一周内有几个晚上至少有一项失眠的症状，其中包括入睡困难、夜间觉醒、早醒。一份对我国内蒙古 358 名大学生的问卷调查显示，其中睡眠质量差者高达 49%。以上数据可见失眠问题的普遍性。失眠发生的人群范围很广，不管是老年人还是青年人，男性还是女性，健康者还是不健康者均可出现。睡眠障碍会引起机体免疫力下降、内分泌失调，精神烦躁，极易导致高血压、心血管疾病、糖尿病、胃病、肥胖、中风、神经衰弱等，甚至危及生命。所以如何改善睡眠，消除失眠，更好地呵护我们的身体健康，应引起国人的高度重视。

（三）现代医学对失眠的认识

失眠的具体原因有以下几个方面：

1. 精神心理因素　如紧张、焦虑、恐惧、兴奋、生活事件的不顺利等。

2. 环境因素　如环境改变、噪声干扰、高温寒冷影响等。

3. 生理因素　如轮班、时差导致生物钟尚未适应新规律，或者年龄的增长都可引起睡眠时间缩短。

4. 疾病　如各种疼痛性疾病、严重的皮肤瘙痒症、夜尿症、心肺疾病、甲状腺功能亢进、帕金森病等，常常引起失眠；脑部器质性疾病，如高血压、脑出血、脑梗死、痴呆、震颤麻痹等可使脑部血流减少，引起脑代谢失调而产生失眠症状。

5. 药物原因　有些药物如咖啡因、氨茶碱、阿托品等易引起睡眠障碍，安眠药或嗜酒者的戒断反应也可引起失眠。

6. 精神疾病　如精神分裂症、焦虑、抑郁症、强迫症、边缘性人格等。

现代医学治疗失眠主要是通过调节自主神经功能紊乱和镇静催眠，使失眠人群的睡眠时间得到延长，睡眠质量得到提高，能有充足的睡眠以养精蓄锐、休养生息。一般将失眠的治疗方法分为两大类，即药物治疗和非药物治疗。非药物疗法包括睡眠卫生教育、睡眠限制、时间治疗、光疗及心理治疗等。治疗失眠的药物多采用人工合成的镇静药、催眠药。但是，治疗失眠的药物副作用较多，可引起嗜睡、头晕、恶心、视物模糊、焦虑等不良反应，还可能引发过敏、耐药、依赖及慢性中毒（如震颤、步态不稳、肌肉无力）等。所以寻找既安全又有效的治疗失眠的方法，是人们追求的目标。

（四）中医学对失眠机制的认识

中医学将失眠称为"不寐"、"目不瞑"、"不得眠"、"不得卧"等。中医理论对睡眠的生理病理有着丰富的认识，早在《黄帝内经》中就从阴阳、气血、脏腑的角度对睡眠的生理机制进行了阐述，提出了阴阳睡眠理论、营卫睡眠理论和五脏睡眠理论。

中医学认为，心是五脏六腑功能活动的主宰，各种精神活动都依赖于心的功能正常，心气、心血、心阴充足，则心神得到润养，而神明有主，寤寐有时；反之，悲哀愁忧等情志刺激可引起心动，心动则五脏六腑功能活动异常。明代医家张景岳说："心为事，扰则神动，神动则不静，是以不寐也"。

思虑伤脾，脾气虚弱，运化功能减退，气血生化乏源，则可导致血虚而心神失养，神无所主以致心神不安。正如《景岳全书·不寐》中指出："劳倦思虑太过者，必致血液耗亡，神魂无主，所以不寐"。《类证治裁·不寐》也说："思虑伤脾，脾血亏虚，经年不寐。"可见心脾不足造成血虚，血不养心，神失其主而不寐。

素体肾阴亏虚，或久病之人，或劳欲太过，耗伤肾阴，肾水不能上奉于心，水火不济，则心火独亢，扰乱心神，或五志过极，心火内炽，不能下交于肾，心肾不交，心火炽盛，火扰心神则神志不宁，导致失眠。如徐东皋说："肾水不足，真阴不升，而心火独亢，不得眠者。"

生活工作压力增大，负性事件影响，导致肝气郁结，瘀滞化火，内扰心神，可致失眠；饮食不节，宿食停滞，中土失运，积湿生痰，酿为痰热，上扰心神，使心血不静，阳不入阴，而发为不寐。《杂病广要·不眠》："大抵惊悸、健忘、怔忡、失志、不寐、心风，皆是胆涎沃心，以致心气不足若用凉心之剂太过，则心火愈微，痰涎愈盛，病愈不减，惟苟以理痰气为第一要义。"著名中医邓铁涛认为失眠的病因有七情所伤、饮食失节、劳倦过度等，但以情志所伤为最多见，病位则以心、肝、胆、脾、胃为主，总的病机是阳盛阴衰、阴阳失交。有学者认为当今失眠的诱发因素以精神因素为主，故提出临床辨证当从肝论治立法，以治肝为中心，兼顾调整他脏功能。也有学者认为失眠病位在心，涉及肝脾肾，由肝郁到肝火，既存在营卫不和、阴阳失调，又出现心肾失交、升降失常后经络失通、心神失养，病机关键为阳不入阴。

总之，不寐的发生，涉及心、肝、肾、脾、胃等脏腑功能的失调，性质有虚实之分，虚以气虚、血虚、阴虚多见，实以痰、湿、瘀常见。因此，扶正祛邪，平调阴阳，可有效改善失眠。

（五）失眠的常见中医证型、表现及调理原则

1. 肝郁化火型　生活、工作压力较大，或由负性事件引起，心烦不能入睡，烦躁易怒，爱发脾气，胸闷，胁肋胀痛，头痛，面红目赤，口苦，便秘，尿黄；舌红苔黄，脉象弦数。调理原则：疏肝清肝，宁心安神。可选择以疏肝解郁、清肝平肝原料为主的改善睡眠类保健食品。

2. 痰热内扰型　形体多肥胖，睡眠不安，心烦，胸部满闷，脘腹痞胀，口苦、口黏、口臭，痰涎较多，头晕目眩。舌红苔黄腻，或舌苔淡黄而润滑，脉滑或滑数。调理原则：清热化痰，宁心安神。可选择以渗湿祛痰、清泻心火原料为主的改善睡眠类保健食品。

3. 心脾两虚型　多梦易醒，或朦朦胧胧，睡眠不踏实，梦中容易惊醒，心悸，心慌，动则气短喘促，头晕目眩，神疲乏力，面色没有光泽，舌淡苔薄，脉象细弱。调理原则：补气养血，养心安神。可选择以补气补血原料为主的改善睡眠类保健食品。

4. 阴虚火旺型　形体多偏瘦，心中烦热，不易入睡，或睡后多梦、容易醒来，头晕，耳中鸣响，口干舌燥，手脚心热，心悸虚烦，睡眠后容易出汗，容易忘事，或有腰膝酸软，遗精，月经不调，小便色黄，大便干结，舌红少苔，脉象细数。调理原则：滋阴降火，交通心肾。可选择以养阴、清泻心火原料为主的改善睡眠类保健食品。

（六）改善睡眠的常用原料

1. 常用的具有清肝、平肝功能的原料 天麻、牡蛎、芦荟、石决明、决明子、槐实、罗布麻、牡丹皮、菊花等。

2. 常用的具有疏肝解郁功能的原料 香附、川芎、薄荷等。

3. 常用的具有清泻心火功能的原料 珍珠、丹参、莲子、淡竹叶、栀子、淡豆豉等。

4. 常用的具有渗湿祛痰功能的原料 茯苓、远志、陈皮、桔梗、竹茹、枳壳、枳实等。

5. 常用的具有补气功能的原料 人参、西洋参、党参、白术、黄芪、甘草、五味子、刺五加等。

6. 常用的具有补血功能的原料 当归、白芍、阿胶、酸枣仁、龙眼肉、制何首乌、首乌藤、大枣等。

7. 常用的具有养阴功能的原料 生地黄、知母、百合、麦门冬、天门冬、女贞子、龟甲、鳖甲、柏子仁等。

另外，以褪黑素为原料的保健食品具有改善睡眠的保健功能。

十一、促进泌乳

母乳是婴儿最理想的天然食品，婴儿可以从乳汁中得到适合其生长发育所必需的营养，母乳中各种营养物质的比例合理，能满足婴儿各阶段生长需求，而且通过母乳，婴儿能获得免疫因子，增强抵抗力，且能促进母子情感交流，还利于母体自身恢复。因此，妇女产后早期的乳汁分泌是十分重要的。

如果产妇在产后出现乳汁很少或全无，不能喂养婴儿，则可称为乳汁分泌不足，也称"缺乳"或"乳汁不行"。乳汁分泌不足主要发生在产后第2、第3天至半个月内，也可发生在整个哺乳期。主要表现为分娩1周以后或哺乳期中，乳汁很少，甚至全无，乳汁清稀，乳房柔软无胀感，或胀满疼痛。随着生活节奏的加快和生活方式的改变，其发生率有上升的趋势。

（一）乳汁分泌不足人群的常见表现

按照国家中医药管理局制定的《中医病证诊断疗效标准》，乳汁分泌不足人群主要表现为：

（1）缺乳、乳汁点滴而出，甚至完全无乳，不够喂养婴儿。

（2）乳房不胀，无乳汁排出，检查乳房不充盈，挤压时仍无乳汁排出。

（3）乳房肿大胀痛，有多处硬结，压痛，质稠。

（4）乳头无输乳管口或有少而细的管口。

（5）有些人伴低热、面色少华、神疲食少等症。

（二）乳汁分泌不足的发生情况及危害

母乳中营养素齐全，能全面满足婴儿生长发育的需要；其中丰富的免疫物质可增加婴儿的抗感染能力。另外，母乳喂养还可增进母子间情感的交流，促进婴儿的智能发育。因此，婴儿生长发育状况与采取的喂养方式有着密切的关系。然而，目前我国0~4个月婴儿的母乳喂养率仅为67%，距世界卫生组织提出的2000~2010年母乳喂养率达到85%还有一定的距离。由于不能按需要给婴儿哺乳，新生儿营养得不到补充，还加重了父母的心理负担。有研究表明，4个月内非母乳喂养婴儿的体重明显低于母乳喂养的婴儿，且上呼吸道感染、肺炎、佝偻病、腹泻的患病率明显高于母乳喂养的婴儿。

（三）现代医学对乳汁分泌不足的认识

从解剖角度看，乳汁分泌是由于婴儿吸吮乳头，刺激乳头神经，通过其末梢传入垂体前叶，引起催乳素的释放，经血作用于乳腺细胞，使之泌乳。引起产后乳汁分泌不足的原因主要与以下几个因素有关：

（1）心理因素可直接兴奋或抑制大脑皮层来刺激或抑制催乳素及催产素的释放，有些产妇自认为乳汁分泌较少，不能满足婴儿的需要，心情焦急，缺乏哺乳信心。

（2）会阴侧切、剖宫产、产后出血等情况下，由于切口的疼痛、各种导管的放置及体位受限，产妇对哺乳有畏难情绪，从而影响到母乳喂养的成功率。

（3）过度劳累，体力消耗过多，影响乳汁的分泌。

（4）乳头异常，如乳头皲裂、扁平、凹陷或过大者，婴儿吸吮时母亲感到乳头疼痛或吸吮困难，达不到有效吸吮。

（5）母婴患病，不能按需哺乳，疾病本身导致泌乳量减少、无乳，或因病用药，产妇担心药物通过乳汁影响婴儿健康而终止哺乳，都会导致乳汁分泌的不足。

催乳是解决母乳不足的一个重要方法，目前西医还没有相应的治疗药物。我国中医药学记载了许多传统的催乳食品和药品，对乳汁分泌不足的治疗有着丰富的理论和临床经验，且效果显著。

（四）中医对乳汁分泌不足的认识

中医学认为乳汁来源于脾胃化生的水谷精微，与气血同源，由气血所化生，赖乳脉、乳络输送，经乳头泌出。正如程若水所述："胎既产，则胃中清纯津液之气，归于肺，朝于脉，流入乳房，变白为乳"。张景岳《景岳全书》曰："妇人乳汁，乃冲任气血所化，故下行为经，上行为乳。"

产后泌乳不足中医称为"缺乳"，始见于隋代巢元方的《诸病源候论》："妇人手太阳、少阴之脉，下为月水，上为乳汁。妊娠之人，月水不通，初以养胎，既产则水血俱下，津液暴竭，经血不足者，故无乳汁也"，认为缺乳皆因津液暴竭、经血不足而导致，如分娩过程中或分娩后失血过多，乳汁生化无源，表现为乳房柔软而无胀感。

若素性抑郁或产时、产后情志不舒，肝失条达，则乳络不通，乳汁运行失畅。故气血不足或气机郁滞，影响乳汁的生化和流通，是引起缺乳的主要原因。

此外，因为气血的化生与中焦脾胃受纳的水谷精微有关，饮食入胃须通过胃的"受纳"、"腐熟"和脾的运化，共同作用生成营养物质，进而化生成气血，转化为乳汁，上输到乳房，所以若脾胃素虚，或产后过食膏粱厚味，辛辣刺激，损伤脾胃，水谷精微不能化为气血，反变湿浊成痰，痰浊内阻，痰气壅阻乳络而致乳汁不行。

另外，中医认为肾为先天之本，妇女经、孕、胎、乳均有赖于肾气充盛。若肾精亏虚，冲任亏虚，胎失所养，乳汁化源匮乏，也可发病。

因此，益气养血、疏肝解郁、健脾化痰、补肾益精为本病的常用治法。根据不同的致病原因有针对性地选取促进乳汁分泌的保健食品，可有效地改善产后乳汁分泌不足的症状。

（五）乳汁分泌不足的常见中医证型、表现及调养原则

1. 气血虚弱型　可见精神不振，乳少或无，乳汁清稀，乳房柔软，无胀痛感，触之不热不痛，挤之乳房空虚，乳汁很少，甚至无奶。伴有面色无华，心悸气短，舌质淡红，脉象细弱。调养原则：益气养血。可选择以补气补血原料为主的促进泌乳类保健食品。

2. 肝郁气滞型　可见情志不舒，肝郁气滞，乳汁不行，产后乳少或不行，轻则乳房胀痛、胸胁胀闷；重则乳房结块红肿胀痛，或伴发热，食欲不振，舌红、苔薄白或薄黄，脉弦细或弦数。调养原则：疏肝理气。可选择以疏肝理气原料为主的促进泌乳类保健食品。

3. 痰湿中阻型　多因孕妇过食鸡鱼肉蛋等滋腻之品，损伤脾胃，聚湿生痰，表现各异，但共同特点为乳少，大便溏薄，舌胖苔白腻，脉滑有力。调养原则：化痰通络。可选择以除湿化痰、行气原料为主的促进泌乳类保健食品。

4. 肾精亏虚型 可见两乳较柔软，腰膝酸软，头晕神疲，恶露量少色淡，舌胖大边有齿痕，苔薄，脉沉细无力。调养原则：补肾益精化乳。可选择以补肾益精血原料为主而制成的促进泌乳类保健食品。

5. 血瘀型 可见乳汁甚少或不行，乳房肿硬，胸闷嗳气，恶露量少而不畅，少腹胀痛，舌黯紫或边有瘀斑，脉涩。调养原则：活血化瘀通乳。可选择以活血化瘀原料为主的促进泌乳类保健食品。

（六）促进乳汁分泌的常用原料

1. 常用的具有补益气血功能的原料 人参、党参、黄芪、白术、大枣、甘草、当归、阿胶、龙眼肉等。

2. 常用的具有疏肝理气功能的原料 枳壳、枳实、厚朴、白芍、青皮、香附、木香、桔梗、玫瑰花等。

3. 常用的具有化痰通络功能的原料 茯苓、薏苡仁、鸡内金、莱菔子、苍术、山药等，根据中医理论脾为生痰之源，还可配合健脾之白术。有医家对痰湿中阻型产后缺乳采用燥湿化痰、通经下乳之法，效果显著。还有医家采用以健脾、涤痰下乳的方法治疗痰湿中阻的产后乳汁分泌不足也取得了较好的效果。

4. 常用的具有补肾益精功能的原料 枸杞子、龙眼肉、杜仲、菟丝子、马鹿茸、肉桂、桑葚等。菟丝子为补肾填精之品，妇科临床常用作保胎、催生之剂。中医认为经、乳同源，皆为肾精化生而成，有人将菟丝子用于肾虚所致的乳汁缺乏，屡获良效。有医家对产后缺乳，乳房平塌，腰膝酸软，头目眩晕以及平素体质虚弱等肾虚见证者，以补肾滋乳为法，佐以补气血，通乳络，选用熟地黄、枸杞子、桑葚、巴戟天等补肾滋乳之品，可获得较满意效果。

5. 常用的具有化瘀通乳功能的原料 当归、益母草、赤芍、阿胶等。

十二、缓解体力疲劳

疲劳是机体过度使用而引起的功能降低并出现机体不适的状态，主要表现为疲劳困倦，可出现头晕、健忘、睡眠质量下降等伴随症状。按照表现形式，疲劳可分为生理疲劳和心理疲劳；从引发疲劳的原因上来看，可分为体力疲劳、脑力疲劳、心理疲劳和混合性疲劳。其中，体力疲劳又叫运动性疲劳，是指由机体运动本身所引起的"机体生理过程不能维持其功能在一特定水平上和（或）不能维持预定的运动强度"的机体运动能力下降的现象。

（一）疲劳人群的常见表现

疲劳人群的典型表现为：①思维迟钝，注意力无法集中。②记忆力衰退，理解能力差。③情绪低落，忧郁。④心情焦虑、烦躁、易怒。⑤容易疲劳，自觉浑身乏力。⑥精神不振。⑦失眠、多梦、易醒，神经衰弱。⑧口苦、无味，食欲不振。⑨头晕、耳鸣、胸闷。⑩免疫力低，容易患病。

（二）疲劳的发生情况及危害

疲劳既是健康人劳累后出现的一过性正常现象，又是多种疾病的重要表现和信号。由于现今生活节奏的加快和生活压力的增大，疲劳已成为困扰人们的一种重要的健康隐患。亚健康状态是一种健康与疾病间的过渡状态，除了失眠、头痛、思维涣散等表现之外，疲劳是亚健康状态的主要常见表现之一。据世界卫生组织报告显示，全球有70%的成年人处于亚健康状态，其中表现为身心疲劳的占到80%以上。另外，慢性疲劳综合征则是以疲劳为主要症状的慢性病。国外调查显示，慢性疲劳综合征高发年龄在30~50岁之间，女性发病的比例是男性的4倍。人群中有疲劳症状者占24%，美国疾病控制中心预测，慢性疲劳将成为21世纪影响人类健康的主要问题之一。

（三）现代医学对疲劳的认识

自 19 世纪 80 年代研究人类疲劳开始，各国学者从不同角度和层次探索疲劳产生的机制，迄今为止仍未形成一致的看法。就目前的研究来看，一般人体各部位、各形式的疲劳都以能源物质、代谢及内环境等因素的变化为基础。因此从这一角度而言，有如下几种主要学说："衰竭"学说、"堵塞"学说、内环境稳定性失调学说和"突变"学说等。

能源物质"衰竭"学说认为，疲劳产生是因为体内能源物质消耗竭尽，例如长时间运动使血糖浓度大幅降低，机体不能维持预定强度，而出现疲劳。代谢产物"堵塞"学说认为，机体进行大强度运动时，需氧量大于吸氧量，能量主要来源于无氧代谢，其代谢产物为乳酸、尿酸、尿素、肌酐等，这些代谢产物在体内大量积蓄，使肌肉活力发生障碍而产生疲劳。内环境稳定性失调学说认为，在运动过程中，由于机体渗透压、离子分布、温度等内环境条件发生巨大变化，平衡失调，致使工作能力下降，表现为疲劳。"突变"学说从运动时细胞内能量物质消耗，肌肉力量下降，肌肉兴奋性及活动性综合现象来解释疲劳产生原因，当这几个因素达到一定程度时，功能减弱产生了疲劳。

除了研究疲劳产生的机制之外，多年来，人们也一直在努力寻找能够有效缓解疲劳的方法和物质，希望能够延缓疲劳的产生，加速疲劳的消除，使人群在完成工作之时精力充沛，出现疲劳后能迅速消除、恢复体力。具有缓解体力疲劳功能的保健食品，适宜于易疲劳人群，一定程度上有助于体力疲劳状态的恢复。

（四）中医学对体力疲劳机制的认识

体力性疲劳可以归属为中医"劳倦"、"懈怠"、"懈惰"等范畴。中医理论认为"劳则气耗"，即由于劳动、运动引起的气、血、阴、阳亏耗是体力性疲劳发生的基础。从脏腑而言，涉及五脏。《黄帝内经·素问》中指出："肝虚、肾虚、脾虚，皆令人体重烦冤"。中医认为脾为后天之本，气血生化之源，脾主四肢肌肉，与运动关系密切，脾气虚弱则气血生化无源，四肢肌肉得不到濡养，表现为四肢倦怠乏力，肌肉松软，甚或痿废不用。肾藏精，主骨，主温煦，为先天之本，是体力产生的原动力和源泉。肾阳不足则腰膝酸软，甚至冷痛，精神萎靡，哈欠频繁。肝藏血，主筋，而筋是引起肢体运动的重要组织，"足受血而能步，掌受血而能握，指受血而能摄"。肝的阴血不足容易产生疲倦乏力、筋脉酸痛等疲劳症状。肺主气，司呼吸，肺气虚则少气懒言，语声低微，动则气喘。心主血脉，心气血不足则头晕眼花，动则心悸、汗出。总之，体力的产生以阴、血、津、液为物质基础，以阳、气的功能为外在表现。疲劳的产生与气、血、阴、阳的损耗有密切的关系。因此，针对具体脏腑，调补气血阴阳，振奋脏腑功能，可有效缓解体力疲劳。

（五）体力疲劳的常见中医证型、表现及调理原则

1. 脾肺气虚型　可见神疲乏力，少气懒言，语声低微，食欲不振，大便稀溏，头晕目眩，动则喘促，容易出汗，舌淡苔白，脉虚无力等。调理原则：补中益气。可选择以补气原料为主的缓解体力疲劳类保健食品。

2. 心脾气血两虚型　可见面色苍白无华或萎黄，神疲乏力，少气懒言，头晕眼花，心悸心慌，失眠多梦，手足麻木，指甲色淡或月经量少，色淡质稀，舌淡而嫩，脉细弱无力等。调理原则：补气养血。可选择以补气补血原料为主的缓解体力疲劳类保健食品。

3. 气阴两虚型　可见神疲乏力，自汗，呼吸气短，口干咽燥，干咳少痰，失眠少寐，午后或夜间发热，手脚心热，尿少色黄，大便干结，舌红少苔，脉细数无力等。调理原则：补气滋阴。可选择以补气养阴原料为主的缓解体力疲劳类保健食品。

4. 脾肾阳虚型　可见神疲乏力，精神萎靡，面色㿠白，形寒肢冷，腰酸膝冷，腹部冷痛，面浮肢肿，阳痿遗精，带下清稀，舌淡胖，苔白滑，脉沉细等。调理原则：温补脾肾。可选择以补阳原料为主的缓解体力疲劳类保健食品。

（六）缓解体力疲劳的常用原料

1. 常用的具有补气功能的原料　人参、人参叶、西洋参、茯苓、山药、五味子、太子参、白术、红景天、黄芪、刺五加、绞股蓝、灵芝、灵芝孢子粉、灵芝菌丝体粉等。

2. 常用的具有补血功能的原料　大枣、龙眼肉、阿胶、当归等。

3. 常用的具有养阴功能的原料　玉竹、百合、沙棘、枸杞子、黄精、麦门冬、北沙参、生地黄、鳖甲、墨旱莲、女贞子等。

4. 常用的具有助阳功能的原料　马鹿胎、马鹿茸、马鹿骨、巴戟天、淫羊藿、菟丝子、蛤蚧、杜仲等。

十三、提高缺氧耐受力

机体对氧的摄取和利用是一个复杂的生物学过程。机体吸入氧，并通过血液运输到达组织，最终被细胞所感受和利用。当机体组织得不到充足的氧，或不能充分利用氧时，会导致组织的代谢、功能甚至形态结构发生异常变化，并产生相应的症状。因此，缺氧的本质是细胞对低氧状态的一种反应和适应性改变。

（一）缺氧人群的常见表现

急性缺氧可引起头痛，情绪激动，思维力、记忆力、判断力降低，运动不协调等，慢性缺氧可引起疲劳、嗜睡、注意力不集中及精神抑郁等。严重缺氧可引起烦躁不安、惊厥、昏迷甚而死亡。

（二）缺氧的发生情况及危害

缺氧是高原、航空、航天、潜水等特殊环境出现应激反应的最普遍因素，急性暴露于低氧环境的人或动物将产生缺氧应激反应。研究表明，持续稳定的缺氧刺激可使机体建立缺氧适应，这对机体维护自身平衡和内环境稳定是有益的，但是过强或长期的缺氧应激则会给机体带来严重危害，可引起体力、思维、记忆功能减退，工作效率降低，甚至产生幻觉，严重的可导致机体心、脑等重要脏器由于能量供应不足而死亡。提高机体的耐缺氧能力，就是要通过降低机体缺氧应激强度，或者促进缺氧适应的建立等手段，减弱缺氧对机体的损伤，使机体在长期缺氧环境中尽可能维持较正常的生理功能。

（三）现代医学对缺氧的认识

人们日常生活中发生的缺氧状况，通常由于两种原因造成，一种是由于低氧空气造成的缺氧，简称低氧缺氧；另一种是由于大强度运动造成的缺氧，简称负荷缺氧。

机体在低氧环境中将发生一系列代偿性的反应，来维持体内氧浓度的平衡。颈动脉体是人体内最大的副神经节，位于颈总动脉分叉处后方，为外周呼吸感受器，可以迅速感知体内氧分压的变化，释放神经递质，产生神经冲动，通过颈动脉体窦神经传入至中枢神经系统，引起机体对低氧的应答，包括：呼吸加深、加快，心率增加等生理反应。缺氧会导致血红细胞的携氧能力下降，对神经细胞的结构和功能有一定的损伤作用。脑耗氧量约占人体总耗氧量的23%，脑对缺氧十分敏感，引起头痛、思维力、记忆力降低等症状。

目前，临床上常用的抗缺血、缺氧的西药主要有钙通道阻滞剂（如尼莫地平、氟桂利嗪）、自由基清除剂（如维生素 C、维生素 E）和一些中枢抑制药（如冬眠合剂），这些药物虽然对于迅速改善缺氧状态具有较明显的作用，但是只能用于各种短暂的缺血、缺氧性疾病的治疗，尚不能满足高原、航空、航天以及潜水等特殊作业环境下对提高耐缺氧能力的需求。

（四）中医药与提高缺氧耐受力

中医学通过对人体体质、缺氧状态下的伴随症状等进行综合辨证分析，根据中药的性味归经理论及现代药理研究成果，选择适宜的中药原料可以有效改善缺氧状况、提高缺氧耐受力。

近年来，人们对中药有效成分和药理作用进行了广泛的研究，发现许多中药及其提取物具有抗缺氧作用，且作用效果持久稳定、不良反应小，其作用机制可以归纳为以下几类：

1. 对缺氧状态下神经系统的保护作用　神经系统是机体各项功能调节的中枢，缺氧将首先对中枢神经造成损伤，表现为：头痛、头晕、嗜睡、注意力不集中、记忆力下降、运动不协调等，导致脑水肿甚至神经元不可逆的坏死。人参、银杏叶、天麻等通过增加脑血流量，改善缺氧后神经元的能量代谢，改善脑缺氧的症状，减弱缺氧对神经细胞的损伤。

2. 对缺氧状态下心血管系统的保护作用　缺氧除了危害脑组织功能外，还会对心血管系统造成危害，导致心功能降低，微循环障碍，最终造成全身重要脏器的供血不足，表现为胸闷、憋气、心慌、代偿性的呼吸心跳频率加快。红景天、丹参、三七、姜黄、沙棘等能增加心脏的冠脉流量，增加血液中血红蛋白含量和血氧饱和度，直接或间接影响心功能，从而提高机体的耐缺氧能力。

3. 对缺氧状态下机体能量代谢的影响　缺氧可影响线粒体的氧化呼吸功能，使呼吸链电子传递速率降低，以及氧化磷酸化脱偶联，最终影响机体的能量供应，表现为头晕、乏力、气短懒言。红景天、人参、银杏叶、沙棘等可改善线粒体的呼吸功能和产能效率，使机体能够充分利用能量物质，从而维持机体在缺氧时的基本能量代谢。红景天能够明显改善骨骼肌线粒体呼吸控制率和氧化磷酸化效率，提高肌组织内的氧含量，从而保证机体在缺氧情况下的能量供应。沙棘具有增强细胞 $Ca^{2+} - ATP$ 酶的活力，降低乳酸含量，进而延长常压缺氧小鼠存活时间的作用。

（五）提高缺氧耐受力的常用原料

1. 补气类　西洋参具有广泛的生物活性和独特的药理作用，是名贵的益气养阴、强壮滋补药之一，具有补气益血、清肺肾、凉心脾、清虚火、生津止渴、补阴退热、调补五脏、安神除烦、固精等功效。西洋参药性凉而补，药效缓和，补益作用较人参稍弱，但是其有清虚热作用，特别适于阴虚火旺之人应用，具有提高缺氧耐受力和抗疲劳作用。

20世纪60年代，前苏联卫生部曾批准红景天用于健康人疲劳过度、倦怠无力时的兴奋剂和强壮剂，后来逐步扩大到航天员、飞行员、潜水员、运动员等特殊人群的保健。红景天苷是从红景天中提取的功效成分物质，具有抗缺氧、抗疲劳、抗应激、增强免疫力等多种作用。

刺五加具有益气健脾、补肾安神之功效。刺五加还具有抗炎、抗应激，增加组织对缺氧、缺血的耐受性，提高机体清除氧自由基能力及提高人体SOD水平等作用，改善机体对氧的利用度，使机体适应低氧环境。

山药可益肾气，健脾胃，止泻痢，化痰涎，润皮毛等，有研究显示山药水煎液使免疫功能低下小鼠缺氧耐受能力提高。

2. 养阴类　鳖甲具有滋阴退热、软坚散结、益肾健脾之功效，动物实验研究表明，鳖甲能提高小鼠的耐缺氧能力。北五味子能增强小鼠耐缺氧和抗疲劳的能力。同类的还有女贞子、枸杞、百合等。

3. 活血类　银杏叶中所含的银杏内酯对模拟高原缺氧脑损伤的防护作用明显，可提高缺氧神经细胞的存活率和活力，明显改善缺氧造成的神经细胞病变和超微结构损伤，且对缺氧诱导的神经元早期凋亡有保护作用；银杏内酯可提高原代培养神经细胞缺氧处理下SOD活性，减少脂质过氧化物与一氧化氮生成，说明银杏叶具有显著的耐缺氧作用。丹参具有活血祛瘀、养血安神之功效，主要成分丹参酮可扩张血管，增加冠脉流量，增加耐缺氧能力，降低肺动脉压，具有镇静、抗缺氧、抗疲劳等作用。同类的还有姜黄、三七等。

4. 助阳类 杜仲、马鹿茸具有良好的耐缺氧和抗疲劳作用。巴戟天补肾阳、强筋骨、祛风湿,生晒巴戟天与盐制巴戟天均可显著增加急性脑缺血性缺氧小鼠的呼吸时间,盐制巴戟天还可显著增加呼吸次数、延长常压缺氧条件下小鼠的存活时间。

5. 其他类 天麻为我国传统名贵中药之一,其有效成分天麻素除了具有镇静、安眠和镇痛等作用外,还可减慢心率,提高耐缺氧能力,并有舒张外周血管、增加心脑血管流量、降低脑血管阻力等作用。葡萄籽中所含的原花青素,是一种多酚化合物,可通过增加大脑供血和降低大脑耗氧,从而对脑缺血(氧)起到保护作用。沙棘,俗称醋柳,沙棘果提取物能提高小鼠耐缺氧能力和负重游泳能力,延长小鼠存活时间和负重游泳时间。

(六) 消费者选用原则

1. 缺氧伴气虚的人群 可选用下列具补气功能的中药,如:人参、黄芪、党参、黄精、甘草、西洋参、太子参、白术、大枣、山药等。

2. 缺氧伴阴虚的人群 可选用具有养阴作用的中药,如:五味子、百合、鳖甲、女贞子、沙棘、枸杞等。

3. 缺氧伴血瘀的人群 可选用具有活血作用的中药,如:丹参、银杏叶、姜黄、三七等。

4. 缺氧伴阳虚的人群 可选用具有补阳作用的中药,如:鹿茸、巴戟天、杜仲等。

十四、对辐射危害有辅助保护功能

辐射根据其作用方式分为电离辐射、电磁辐射。凡是能和物质作用引起电离的辐射都称为电离辐射,如高速带电粒子:α 粒子、β 粒子、质子;不带电粒子:中子射线、X 射线、γ 射线等。电磁辐射是指以电磁波形式通过空间传播的能量流,即由空间中电荷移动所产生的电能量和磁能量。

在我们的生活环境中，辐射无处不在。尤其是电磁辐射，人体内外布满了由天然和人造辐射源所发出的电能量和磁能量，人们形象地将电磁辐射比喻为"电子烟雾"。如每天都在使用的手机、电脑、电视、收音机、电冰箱、空调、微波炉、吸尘器等家用电器，大理石、复合地板、墙壁纸、涂料等家庭装饰，复印机、电子仪器、医疗设备等办公设备，周边环境中的高压线、变电站、广播电视信号发射塔等，自然环境中闪电、太阳黑子、太阳光紫外线等都是电磁辐射的来源。

随着国民经济的发展，人民生活水平的提高，以及人们对辐射危害的认识逐渐增多，辐射与人们工作和生活的关系越来越密切，人们对辐射危害的担忧越来越多。实际上，人们接触到的辐射强度在一定范围内，对机体不会产生明显的影响，只有过量的辐射形成了污染，才会产生负面效应，引起人体的不同病变和危害。在辐射源污染集中的环境中工作、学习、生活的人，容易失眠多梦、记忆力减退、体虚乏力、免疫力低下等，其癌细胞的生长速度比正常人快24倍。

（一）辐射损伤人群的常见表现

短时间内接受一定剂量的电离辐射，可引起机体的急性损伤，平时见于核事故和放射治疗病人。急性辐射综合征表现为恶心、呕吐、厌食，倦怠、嗜睡，震颤，抽搐，共济失调，腹泻，淋巴结、脾脏萎缩，骨髓抑制，全血减少，皮肤出血，肠道出血。急性放射病典型的症状有造血功能下降，局部或全身的感染，出血、头晕、乏力、嗜睡、精神萎靡、食欲减退、呕吐腹泻、水盐及酸碱平衡失调等。而较长时间内分散接受一定剂量的照射，可引起慢性放射性损伤，如全身乏力、头疼、记忆力下降、失眠、脱发、皮肤损伤、造血障碍，白细胞减少、生育力受损等。

电磁辐射引起的主要症状为神经衰弱综合征，普遍感到头痛、头

晕、周身不适、疲倦无力、失眠多梦、记忆力减退、口干舌燥；部分
人员则有嗜睡、发热多汗、麻木、胸闷、心悸等症状；女性人员有月
经周期紊乱现象发生。体检发现，少部分人员血压下降或升高，皮肤
感觉低下、心动过缓或过速、心电图窦性心律不齐等，少数人员有脱
发现象。周围血象方面，呈现白细胞数的不稳定性，主要是下降倾
向，轻度的白细胞减少。由于中性白细胞减少，相对淋巴细胞增高。
此外，白细胞吞噬能力下降，红细胞一般变化更不明显，可有轻度增
高，血小板下降。血液生化改变方面，发现有组胺量增高，血清总蛋
白及球蛋白升高以及白蛋白和球蛋白比值下降，胆碱酯酶活性下降及
白细胞碱性磷酸酶活性增高等。

（二）辐射损伤的发生情况及危害

人类为了生产、诊治疾病的需要，使用 α 射线、β 射线、γ 射
线、X 射线、中子射线，这些射线都能引起物质的电离。但在接触各
种射线的工作中，若防护措施不当，违反操作规程，人体受照射的剂
量超过一定限度，则会产生有害作用。研究资料显示，日常生活中每
个人都会受到一定剂量的天然电离辐射照射，人均每年接受的正常辐
射值约达 2.4mSv，其主要来源于自然界的放射性氡、地表外照射和
宇宙射线。日常生活中一些行为也可受到一定剂量的辐射，例如乘坐
10 小时飞机，即相当于接受 0.03mSv 左右的辐射；做一次躯干 X 线
CT 检查，相当于接受 10mSv 左右的辐射。科学研究表明，一次接受
小于 100mSv 的电离辐射照射，人体健康状况基本无变化；一次接受
100～500mSv 时，没有疾病感觉，但血液白细胞数减少；一次接受
1000～2000mSv 时，辐射会导致轻微的射线疾病，出现疲劳、呕吐、
食欲减退、暂时性脱发等；一次接受 2000～4000mSv 时，人骨髓和骨
密度会遭到破坏，红细胞和白细胞数量极度减少，有内出血、呕吐等
症状；一次接受大于 4000mSv 时，将会直接导致死亡。

（三）现代医学对辐射损伤的认识

电离辐射可引起放射病，它是机体的全身性反应，几乎所有器官、系统均发生病理改变，但其中以神经系统、造血器官和消化系统的改变最为明显。在电离辐射作用下，机体的反应程度取决于电离辐射的种类、剂量、照射条件及机体的敏感性。在电磁场作用下，经受一定强度和一定时间的暴露，作业人员以及高场强作用范围内的其他人员会产生不适反应。对机体的主要作用，是引起神经衰弱症候群和反映在心血管系统的自主神经功能失调。

目前，对辐射危害有辅助保护功能保健食品的功能评价依据的是卫生部发布的《保健食品检验与评价技术规范（2003年版）》，该功能评价方法针对的是电离辐射，其动物试验造模条件是采用一次性 γ 射线 1~8Gy 照射，通过观察血液系统白细胞变化、骨髓内容改变、DNA 损伤等，评价其保健功能。针对电磁辐射，如看电视，使用计算机、手机等带来的辐射，目前尚无保健食品功能评价的造模、试验方法和观察指标。因此，已经批准的对辐射危害有辅助保护功能的保健食品，都是针对电离辐射危害而言的，其确切的适宜人群应当为接触电离辐射者。

（四）中医学对辐射损伤机制的认识

根据辐射损伤发生及危害的特点辨证分析，中医理论认为辐射属于外感热毒邪毒，热毒过剩，具有直中脏腑、耗气伤精的特点。中医认为辐射损伤的病机是热毒蕴结阴分，耗气损津灼液，气阴两伤；热毒入络动血，气血不和；热毒直中脏腑，脾胃失调，肝肾损伤所致。辐射照射后，热毒蕴于体内，毒火上攻，则头痛、头晕眩晕；热邪炽盛，血败肉腐，表现为溃破、糜烂、溃疡、渗血；热毒犯于胃肠，脾胃受损，表现为厌食、恶心、呕吐、腹胀纳呆、腹泻甚至便血等；热毒损脾，脾虚乏源，气血不足，表现为全身疲乏无力，倦怠嗜睡等；毒热邪气伤及肝肾，肝肾功能失调，表现为烦躁、手足颤动、抽搐等。热毒炽盛，直接伤及脉络，迫血妄行，出现皮肤和肠道出血；脾主统血，脾虚则血溢脉外加重出血；毒邪壅滞，脉络壅塞，血不循经外溢，形成瘀血，瘀血阻滞脉络进一步导致出血。辐射日久伤及肝肾，致肝肾阴虚、肾精不足，则生育能力下降、脱发等。热毒耗伤气阴，气血阴液亏虚，表现为五心烦热、小便短赤、大便干结、失眠等。电离辐射作为一种外来强烈的致病毒邪，导致的损伤与阴伤、气血不足、脏腑功能失调有关。因此，针对辐射之致病热毒，进行清热解毒、生津润燥、益气养阴、健脾和胃、滋补肝肾，可有效减轻辐射损伤。

（五）辐射损伤的常见中医证型、表现及调养原则

1. 气阴两虚型　可见神疲体倦，少气无力，气短懒言，甚或心悸，口干咽燥，尿赤便秘，心烦易怒，失眠，自汗，舌红少苔或无苔，脉细数等。调养原则：益气养阴。可选择以益气养阴原料为主的对辐射危害有辅助保护功能的保健食品。

2. 热毒炽盛型　可见皮肤充血，或出现红斑，或溃破渗血，或溃疡糜烂，或皮肤脱屑，或肠道出血，伴头痛、头晕眩晕，发热口渴，尿黄，舌红苔黄，脉数等。调养原则：泻热解毒。可选择以清热解毒原料为主的对辐射危害有辅助保护功能的保健食品。

3. 热伤脾胃型　可见食欲不振，甚或恶心呕吐，食后腹胀纳呆，腹泻甚至便血，口干口渴，疲倦乏力，嗜睡，舌干红，苔黄，脉沉数等。调养原则：清热和胃。可选择以清热、调理脾胃原料为主的对辐射危害有辅助保护功能的保健食品。

4. 血瘀气滞型　可见腹部有刺痛，或胀闷疼痛，拒按，或有痞块，皮肤局部青紫，或出血色暗，舌紫或有瘀点，脉弦涩等。调养原则：活血化瘀。可选择以活血行气原料为主的对辐射危害有辅助保护功能的保健食品。

5. 肝肾阴虚型　可见烦躁低热，颧红，头胀胁痛，手足颤动，

抽搐，腰膝酸软，脱发，失眠，耳鸣，记忆力减退，性功能减退，舌红少苔，脉弦细等。调养原则：滋补肝肾。可选择以补益肝肾原料为主的对辐射危害有辅助保护功能的保健食品。

（六）抗辐射的常用原料

1. 常用的具有补益功能的原料　人参、黄芪、西洋参、灵芝、淫羊藿、刺五加、红景天、大枣、黄精、山药。

2. 常用的具有清热解毒功能的原料　蒲公英、金银花、鱼腥草等。

3. 常用的具有清热养阴功能的原料　知母、天门冬、麦门冬、南沙参等。

4. 常用的具有活血功能的原料　当归、三七、川芎、丹参、赤芍、益母草等。

5. 常用的具有补益肝肾功能的原料　枸杞子、阿胶等。

十五、减肥

肥胖是一种以体内脂肪含量过多为重要特征的、多种因素引起的慢性代谢性疾病。进食热量多于人体消耗量而以脂肪形式储存于体内，使体重超过标准体重 20% 称为肥胖。一般无自觉症状，但中度、重度肥胖者，体态臃肿，

减肥后

可出现头晕乏力、心悸、怕热多汗、气急气短、神疲易倦，甚至行动不便，生活不能自理。肥胖症的产生与遗传因素、饮酒、吸烟、饮食营养过度、体力活动不足、不良生活方式、地理环境等关系密切。

（一）肥胖人群的常见表现

肥胖人群依体重超标程度，症状有所差异：当体重超标20％，其耗氧量增加30％～40％，常见怕热、多汗、易疲乏，不能承受体力劳动，抵抗力较正常人低，易伴发高血压、动脉硬化、心血管疾病、糖尿病、关节退行性变等。

现代医学通常把肥胖症分为单纯性肥胖和继发性肥胖两大类。单纯性肥胖症者，脂肪分布均匀，男性常表现为体质发育好，唇、耳常充血，颈项粗厚，肌肉较发达，腹部膨隆；女性多表现为脂肪组织松弛，肌肉少而虚弱，贫血貌，易于心慌气喘。继发性肥胖症者，脂肪分布不均匀，如肾上腺皮质功能亢进时为向心性肥胖，表现为躯干粗、四肢细；男性性功能不全性肥胖，表现为臀部、大腿脂肪积聚过多、乳房大等。

（二）肥胖症的发生情况及危害

世界卫生组织研究资料表明，全球肥胖者数量每5年增长1倍。中国现有超重和肥胖成年人为2.6亿，其中超重者为2亿人，肥胖者为6000万人，超重和肥胖人群已经接近总人口数的25％。肥胖症与2型糖尿病、心脑血管疾病、呼吸系统疾病等多种慢性非传染性疾病和社会心理障碍密切相关，已成为严重影响公民健康的重要疾患。随着城市化进程的加快，肥胖将成倍增加，防治肥胖工作迫在眉睫。据统计，肥胖者并发脑梗死与心衰的发病率比正常体重者高出1倍，冠心病发病率比正常体重者增高2倍，高血压发病率比正常体重者增高2～6倍，合并糖尿病者较正常体重者约增高4倍，合并胆石症者较正常体重者增高4～6倍；更为严重的是肥胖者寿命将缩短，据报道超重10％的45岁男性，其寿命比正常体重者缩短4年。世界卫生组织已将肥胖列为影响世界健康的十大威胁之一。

（三）现代医学对肥胖症的认识

现代医学认为，无内分泌疾病或找不出可能引起肥胖的特殊原因的肥胖症称为单纯性肥胖症，具有明确病因者称为继发性肥胖症。其中单纯性肥胖最为常见，约占肥胖人群95％以上，表现为全身脂肪分布比较均匀，无内分泌紊乱现象，亦无代谢性障碍，往往有肥胖家族病史；继发性肥胖约占肥胖人群5％，属于病理性肥胖，主要有下丘脑性肥胖症、垂体性肥胖症、胰岛素性肥胖症、性功能减退性肥胖症等。在我国，随着人们生活水平的提高，肥胖症呈逐渐增多的趋势。肥胖症属于现代文明病范畴，大多是由于不文明的生活方式造成。重视保健，坚持合理饮食与适当劳动，保持理想的体重，是加强对肥胖症防治的重要策略。

所谓减肥功能，就是减少或消除体内堆积的多余脂肪，能使肥胖人群有效降低体重，减少体内脂肪含量。具有减肥功能的保健食品，适宜于肥胖症人群，不适宜于孕期及哺乳期妇女。

（四）中医学对肥胖机制的认识

肥胖症属中医"瘀胀"范畴，历代又称为"肥人"或"脂人"，《黄帝内经·素问》指出："肥贵人，则膏粱之疾也"。中医理论认为，肥胖者内因禀赋脾虚，外因过食肥甘，少劳多卧，致脾虚气弱，痰湿内生；或年长肾亏，七情所伤，阴阳失调，痰瘀内积，均可使浊邪内生，壅积体内，而致肥胖。中医认为脾主运化，能消化、转输水谷精微；脾失运化，水谷精微失运，转为痰浊膏脂，阻滞气血，形体渐丰。肾藏元气，是人体生命活动的根本；肾气亏虚，肾阳不足，不能温煦脾土，精微物质转化和贮存失衡，引起肥胖。肝主疏泄，调畅气机，以助脾运，肝气郁结，气机失畅，则脾失健运，导致痰湿、膏脂等壅盛于体内而胖；气滞血瘀，痰瘀兼杂，则体肥更甚。胃主受纳，腐熟水谷，胃热炽盛，消谷善饥，饮食过量，膏脂转输失司，导致形体肥满。总之，肥胖症的产生，其病机主要有脾虚、肾虚、肝郁气滞、胃热等，气血津液不能正常布化，而蕴湿生痰生瘀，与水湿、痰浊、血瘀、膏脂内聚关系密切。因此，针对肥胖症的具体病机，燥湿化痰、清热利湿、活血化瘀、疏肝理气，常能有效降低体重。

（五）肥胖的常见中医证型、表现及调养原则

1. 脾虚痰湿型 可见形体肥胖，水肿，倦怠，疲乏无力，肢体困重，纳差食少，腹胀满，大便溏薄，尿少，下肢时有轻度水肿，脉沉细，舌苔薄腻，舌质淡红边有齿痕等。调养原则：健脾益气、化痰祛湿。可选择以化痰祛湿、健脾原料为主的减肥类保健食品。

2. 胃热湿阻型 可见形体肥胖，嗜食肥甘，头胀头晕，消谷善饥，困楚怠惰，口渴喜饮，口臭口干，大便秘结，脉滑或数，舌苔腻微黄，舌质红等。调养原则：清热利湿通腑。可选择以清热、利湿原料为主的减肥类保健食品。

3. 脾肾两虚型 可见形体肥胖，虚浮肿胀，疲乏无力，少气懒言，动则喘息，腰酸腿软，男性阳痿，阴寒，大便溏薄或五更泄泻，脉沉细无力，舌苔薄白，舌质淡红等。调养原则：温阳化气利水。可选择以温阳、利水渗湿原料为主的减肥类保健食品。

4. 气滞血瘀型 可见形体肥胖，胸胁苦满，胃脘痞满，烦躁易怒，口干舌燥，头晕目眩，月经不调，或闭经，失眠多梦，脉弦细或弦数，舌苔白或腻，舌质暗红有瘀斑等。调养原则：疏肝理气、活血化瘀。可选择以活血化瘀、理气原料为主的减肥类保健食品。

5. 阴虚内热型 可见形体肥胖，头晕眼花，头胀头痛，腰膝酸软，五心烦热，低热，脉细数或细弦，舌尖红苔薄等。调养原则：滋养肝肾。可选择以滋阴、调补肝肾原料为主的减肥类保健食品。

（六）减肥的常用原料

1. 常用的具有化痰利湿功能的原料 荷叶、桔梗、苍术、泽泻、薏苡仁等。

2. 常用的具有清热功能的原料 芦荟、葛根、决明子、番泻叶、菊花等。

3. 常用的具有温阳化气利水功能的原料 肉桂、茯苓、白术等。

4. 常用的具有活血化瘀功能的原料　山楂、丹参、三七、赤芍、益母草等。

5. 常用的具有滋阴养血功能的原料　枸杞子、生何首乌、生地黄、女贞子、山茱萸、灵芝等。

十六、促进生长发育

生长发育是少年儿童在成长过程中身体各器官系统所表现的量变到质变的复杂过程；生长是细胞繁殖、增大和细胞间质的增加，表现为组织器官形态变大、重量增加；发育是身体组织器官形态和重量增加的同时，细胞、组织、器官不断地分化、完善以及功能能力的增强。两者同步进行，密切相连，它们之间没有明显的界线。生长发育不仅受性别、家族、民族等先天遗传因素的影响，更受营养、疾病、体育锻炼、环境条件、劳动和生活方式等后天因素的影响。

（一）发育迟缓人群的常见表现

生长发育迟缓是指在生长发育过程中，出现身高及其他体格发育低于同种族、同年龄、同性别人群身高正常参照值30%以上，其原因与遗传、代谢、内分泌、骨骼生长、营养、免疫及长期慢性疾病等因素有关。生长发育迟缓通常表现为体格、运动、语言、智力、心理等多方面或某一方面发育滞后，具体表现为：小儿1岁还不能站立，1.5岁不能行走，甚或2~3岁仍不能行，即使能行走，亦步态不稳；初生无发或少发，随着年龄增长，仍稀疏难长，或长亦呈现萎黄；到12个月时的长牙年龄尚未出牙，或出之甚少，以及此后牙齿萌出过慢；1~2岁仍不会说话，可伴有智力低下或呆痴，头项软，婴儿周岁后，头项仍软弱下垂，咀嚼无力，口中时流清涎，手臂不能握拳、抬举，肌肉松软无力或瘫痪等。

（二）发育迟缓的发生情况及危害

联合国儿童基金会发布的一份报告称，全球大约有2亿5岁以下儿童因营养不良而发育迟缓，导致儿童生长受阻、易患疾病、智力迟钝、学习能力下降等后果，对他们成年后的健康和发展产生长远的不利影响，1/3 的 5 岁以下儿童死亡与之有关。按世界卫生组织的标准，中国 0～4 岁婴幼儿体重不足的发生率，已由 1982 年的 20.0% 下降到 13.5%，2～4 岁儿童生长迟缓的比例由 40.0% 下降到 22.8%，均接近 2000 年的全球性目标。但是，我国学龄前儿童的生长发育水平不尽人意，发育不良儿童仍占有较大比例，而且学龄前儿童生长发育状况存在明显的城乡差别。2006 年中国 5 岁以下儿童生长迟缓率为 9.9%，低体重率为 5.9%，消瘦率为 2.2%，农村儿童生长迟缓率是城市的 5.3 倍，农村儿童低体重率是城市的 4.6 倍；西部更为严重，2009 年中国西部 6 省（自治区）贫困农村 5 岁以下儿童的生长迟缓率为 14.9%，低体重率为 7.4%，消瘦率为 3.5%。发育迟缓已成为影响儿童青少年健康素质提高的重要障碍。

（三）现代医学对生长发育及发育迟缓的认识

生长发育的物质基础在于机体摄入的各种营养，包括脂肪、糖类（碳水化合物）、能量、维生素及无机盐。人体摄入和吸收的营养是否充足、合理，不但影响生长发育的速度，而且影响生长发育的质量。若长期营养欠缺，会延缓生长发育，阻碍生理成熟，乃至发生营养不良性矮小症。微量元素锌、铁、铜等的缺乏即可导致生长发育迟缓。因此，所谓促进生长发育功能，就是能够改善发育不良少年儿童的生长发育状况。具有促进生长发育的保健食品，适宜人群为生长发育不良的少年儿童。

（四）中医学对发育迟缓的认识

发育迟缓可以归属于中医"五迟、五软"等范畴。中医理论认为，发育迟缓多因先天禀赋不足，后天调养失当，或病后脏腑虚损，或因孕期调护失宜、早产产伤以及其他疾病、药物损害等所致，多为虚弱之证。一般于年幼发病，亦有至年长仍不愈者。中医认为肾为先天之本，藏精、主骨、生髓。若父母精髓不足，胎禀失养，则胎儿先天肾精不充，骨骼不坚；脾主肌肉、四肢，为后天之本，若后天失养，脾胃虚弱，生化乏源，则肌肉四肢软弱无力。脾肾不足，气血生化不足，精血亏少，肝血不充，筋失所养，则筋骨不坚而弛软，立、行、齿迟，并头项、手足软而无力。言为心声，脑为髓海，若心气不足，肾精不充，髓海不足，则言语迟缓，智力不聪；心血不足，血不养心荣发，则头发生长迟缓；脾开窍于口，若脾气不足，则口软乏力，咀嚼困难。总之，生长发育迟缓由先天、后天多种因素引起，其产生与脾肾气、血、精亏虚关系密切。因此，针对具体脏腑，调补精气血，可有效促进生长发育。

（五）发育迟缓的常见中医证型、表现及调养原则

1. 肝肾不足型　可见筋骨萎弱，发育迟缓，坐起、站立、行走、生齿等明显迟于正常同龄小儿，头项、肌肉萎软，或肢体瘫痪，手足震颤，步态不稳，智能低下，或失语失聪，面容痴呆，目无神采，反应迟钝，舌淡舌苔少，脉沉细等。调养原则：滋养肝肾，填精补髓。可选择以滋养肝肾、填精补髓原料为主的促进生长发育类保健食品。

2. 心脾两虚型　可见语言迟钝，智力低下，精神呆滞，面色无华，面黄形瘦，四肢萎软，肌肉松弛，发迟稀黄，口角流涎，吸吮咀嚼无力，或见舌伸口外，食欲不佳，大便秘结，舌淡胖，苔少，脉细缓或细弱，或指纹色淡等。调养原则：健脾养心，补益气血。可选择以健脾养心、补益气血原料为主的促进生长发育类保健食品。

（六）可促进生长发育的常用原料

1. 常用的具有滋养肝肾、填精补髓功能的原料　地黄、川牛膝、怀牛膝、枸杞子、山茱萸、马鹿茸、五加皮等。

2. 常用的具有健脾养心、补益气血功能的原料　黄芪、当归、山药、茯苓等。

十七、增加骨密度

骨质疏松症是指由多种因素所致的以骨量减少、骨组织的微观结构退化为特征，致使骨的脆性增加及骨折危险性增加的一种全身性骨骼疾病。

（一）骨质疏松的常见表现

骨质疏松的主要临床表现有：

1. 疼痛　以腰背痛多见，占 70%～80%。疼痛沿脊柱向两侧扩散，仰卧或坐位时疼痛减轻，直立后伸或久立、久坐时疼痛加剧，夜间和清晨醒来时加重，弯腰、肌肉运动、咳嗽、大便用力时加重。当骨量丢失 12% 以上时可出现骨痛。

2. 畸形　最常见的为身长缩短、驼背。

3. 骨折　老年前期以桡骨远端骨折多见，老年期以后腰椎和股骨上端骨折多见，一般骨量丢失 20% 以上时即发生骨折。

4. 呼吸功能下降　由于骨质疏松胸廓畸形，肺活量和最大换气量减少，易发生肺气肿，且随着老年人肺功能下降，常可出现胸闷、气短、呼吸困难等症状。

（二）骨质疏松的发生情况及危害

目前全世界约 2 亿人患有骨质疏松症，其发病率已跃居常见病、多发病的第 7 位。据估计我国骨质疏松病人约有 8400 万，到 2050 年将增加一倍以上，达 2.1 亿人。据中国人口预测方案测算出骨质疏松症发病率，59 岁以上的老年人口中为 67.6%，并呈逐年上升趋势。骨质疏松症患者最严重的症状就是骨折，尤其以髋骨骨折为主，世界卫生组织预测，至 2050 年每年将有 320 万髋部骨折患者。由此可见，骨质疏松症不仅严重影响患者的生活质量，其治疗费用也给家人和社会造成了沉重的负担。

（三）现代医学对骨质疏松症的认识

现代医学将骨质疏松症分为两大类，一类为原发性骨质疏松症，主要与激素水平下降、营养状况不佳、免疫状况低下及遗传因素等，引起骨钙含量下降，骨钙化沉积受限，骨吸收与骨形成的偶联出现缺陷等有关。主要包括绝经后骨质疏松症、老年性骨质疏松症和特发性骨质疏松症，其中特发性骨质疏松症，多见于 8～14 岁的少年儿童或成人，多半有遗传家族史，女性多于男性。妇女妊娠及哺乳期所发生的骨质疏松也可列入特发性骨质疏松。第二类为继发性骨质疏松症，它是由其他疾病如肾衰竭、糖尿病、甲状腺功能亢进、垂体泌乳素瘤、钙吸收不良综合征等疾病引起的骨质疏松症，以及长期服用肝素、抗癫痫药、抗结核药、含铝的抗酸剂、糖皮质激素等药物所致的骨质疏松。原发性骨质疏松症为多见。

目前，我国治疗原发性骨质疏松症的药物主要有雌激素、降钙素、雷洛昔芬、阿仑膦酸钠、利塞膦酸钠、甲状旁腺素特立帕肽等。但研究表明，雌激素替代疗法（HRT）会增加深静脉血栓形成的危险，增加患心血管疾病及乳腺癌的危险；雷洛昔芬对髋部和其他非椎体骨折的疗效不明确，且可引起轻度静脉血栓；而阿仑膦酸钠、利塞膦酸钠生物利用度比较低。还有联合两种抗骨吸收药物有轻度协同作用，如阿仑膦酸钠与雌激素或雷洛昔芬联合应用、利塞膦酸钠与雌激素联合应用。但目前联合应用治疗骨折的疗效尚不明确，且医疗费用较高，也有可能增加不良反应发生率。

（四）中医学对骨质疏松症机制的认识

原发性骨质疏松症属于现代医学病名，归属于中医学"虚劳"、"骨痿"、"骨痹"、"腰痛"、"骨缩"、"骨枯"、"骨折"等病名。目前多数学者认为中医学中提到的"骨痿"病就是现代医学所定义的原发性骨质疏松症。中医学认为骨痿为本虚标实之证，病位虽在骨骼，但关乎肾、脾、肝，主要是由于肾精亏虚，肝血不足或肝失条达，脾失健运，气虚血瘀，导致骨失所养，筋脉运行不畅而引发本病。

《医经精义》云："肾藏精，精生髓，髓生骨，故骨者肾之所合也；髓者，肾精所生，精足则髓足，髓在骨内，髓足者则骨强"。这一观点被后人进一步认识和论证，认为肾气盛衰是骨质荣枯之根本，肾精充足，则骨髓生化有源，骨骼得到滋养而坚固有力，若肾精亏虚，骨髓化源不足，骨骼失于濡养，则骨脆乏力，引发骨痿。脾为后天之本，气血生化之源，主运化水谷精微以奉养四肢百骸，若脾胃虚弱，生化乏源，精微不能四布，骨骼失于滋养。肝藏血，主疏泄，有贮藏血液和调节血量的功能，在体合筋，故肝血不足，肝失条达，导致气血运行不畅，筋脉失其濡养而出现筋骨不利之症。《证治准绳·杂病》云："肝虚无以养筋，故机关不利。"中医尚有"精血同源"、"肝肾同源"之说，精血可相互化生，肝血不足，亦可致肾精亏损，从而发为骨痿。

此外，中医又有久病致瘀，不通则痛之理，骨痿迁延不愈，气血经脉痹阻，可出现全身骨痛等临床表现。中医认为，血气不和，可生百病。经脉有行血气，营阴阳，濡筋骨，利关节的作用，所以血和则经脉流行，营复阴阳，筋骨劲强，关节清利矣。基于此，中医对原发性骨质疏松症的治疗以补肝肾，强筋骨，活血化瘀，通络止痛为基本治疗大法。

（五）骨质疏松症的常见中医证型、表现及调养原则

1. 肾精亏虚，骨髓失养 可见腰背部疼痛或驼背，或足跟痛，日轻夜重，下肢酸软无力，头晕耳鸣，头发稀疏，舌红少苔，脉细数。调养原则：补肾壮骨，生精添髓。可选择以补肾填精原料为主的增加骨密度类保健食品。

2. 肝肾阴虚，髓枯筋痿 可见起病缓慢，腰背部疼痛或驼背，或骨痛，肢体麻木，筋脉拘挛，头晕目眩，视物不清，耳鸣，舌红，脉弦细或细数。调养原则：滋补肝肾，强筋壮骨。可选择以滋补肝肾

原料为主的增加骨密度类保健食品。

3. 脾肾阳虚，骨失所养 可见起病缓慢，腰背部疼痛，骨痛肢冷，或足跟痛，腰膝酸软，畏寒喜暖，四肢倦怠乏力，面色萎黄或少华，食欲缺乏或便溏，舌淡胖，有齿痕，脉沉无力。调养原则：温补脾肾，坚骨倍力。可选择以温肾健脾原料为主的增加骨密度类保健食品。

4. 气虚血滞，瘀血阻络 可见腰背疼痛明显，疼痛持久，痛处固定不移，舌紫暗，有瘀斑，脉细涩。调养原则：活血化瘀，通络止痛。可选择以活血通络原料为主的增加骨密度类保健食品。

（六）增加骨密度的常用原料

1. 常用的具有补肾填精功能的原料 马鹿茸、马鹿骨、淫羊藿、巴戟天等。

2. 常用的具有补肝肾，强筋骨功能的原料 补骨脂、菟丝子、杜仲、山萸肉、枸杞子、熟地、牛膝等。

3. 常用的具有健脾益气，养血荣筋功能的原料 黄芪、人参、白术、茯苓、薏苡仁、当归、白芍、阿胶、大枣、龙眼肉等。

4. 常用的具有行气化瘀，通络止痛功能的原料 丹参、川芎、三七、骨碎补、珍珠粉、鳖甲等。

除以上中药原料外，增加骨密度还可选用钙剂、胶原蛋白、维生素 D_3、硫酸软骨素、D-氨基葡萄糖、大豆异黄酮等，以补充钙源，增加胶原蛋白，促进钙吸收。

十八、改善营养性贫血

营养性贫血是指因机体生血所必需的营养物质，如铁、叶酸、维生素 B_{12} 等物质相对或绝对地减少，使血红蛋白的形成或红细胞的生成不足，以致造血功能低下的一种疾病，包括缺铁性贫血和营养性巨幼红细胞性贫血。多发于 6 个月至 2 岁的婴幼儿、妊娠期或哺乳期妇女以及胃肠道等疾病所致营养物质吸收较差的患者。

（一）营养性贫血的常见表现

营养性贫血的发生过程往往比较缓慢，轻者表现为皮肤、黏膜苍白或苍黄，以口唇、牙床、眼睑、指甲等部位更为明显。严重贫血可见头晕，全身乏力，烦躁不安，食欲不振等，往往伴有营养不良。有的还出现吃土块、煤渣、墙泥等异食癖的表现。贫血过久，可导致生长发育障碍。

（二）营养性贫血的发生情况及危害

贫血是一个全球性的公共卫生问题，尤其在发展中国家情况更令人担忧。据世界卫生组织统计，世界范围内贫血发病率约为24.8%，也就是说全球超过16亿人口患有不同程度贫血，约占世界总人口的25%，其中缺铁性贫血最为常见，占贫血患者的75%～80%，发病人群集中于学龄前儿童及妇女，我国2岁以下婴幼儿、生育期妇女以及老年人是此病的高发人群。

缺铁性贫血多发于6个月至1岁的婴儿。主要由于婴儿生长发育快，需铁量很多，而人乳和牛乳含铁量不能满足婴儿的生长需要，若未及时添加含铁的辅食，就会发生缺铁性贫血。营养性巨幼红细胞性贫血，多发生于2岁以下的小儿，主要是由于小儿饮食中的维生素B_{12}与叶酸的含量不足，或肠道细菌合成量不足，使红细胞成熟的因素缺乏而发病。

虽然随着生活水平的提高，营养性贫血的发生率逐渐减少，但是青春期的学生以及偏远地区的农民中还有很大的贫血人群。近年来，因减肥而造成营养失调，形成了一个新的贫血人群。通过饮食调节，平衡膳食以及增加铁等的摄入，可明显改善或缓解营养性贫血的发生。动物肝脏、大枣等食品或食品中的某些成分具有改善营养性贫血的作用，有些既是食品又是药品的物质一方面可促进铁的吸收同时又有补充铁的作用。从营养学的角度，在食品中强化亚铁等亦有改善营养性贫血的作用。因此，该类保健食品被消费者普遍接受，有着广泛的市场需求。

（三）现代医学对营养性贫血的认识

对于营养性贫血，现代医学主要通过补充造成贫血所缺乏的营养素来进行治疗，如机体因铁缺乏造成的缺铁性贫血，主要通过口服、注射铁剂，或加强营养，增加含铁丰富的食品来治疗。对于营养性巨幼红细胞性贫血，则主要是通过补充维生素 B_{12} 和叶酸来治疗。

（四）中医学对营养性贫血机制的认识

中医学认为贫血属于"虚劳"、"血虚"范畴。中医认为，血液是运行于脉中而循环灌注全身的富有营养和滋润作用的红色液体，是维持人体生命活动的基本物质之一，主要由水谷精微的营气和津液所组成。贫血多因脾胃虚弱，血液生化不足；或心脾两虚，耗伤心血；或脾肾两虚，精血无以化生；或肝肾阴虚，阴血暗耗所致。

中医认为心主血脉，能将脾胃运输的水谷精微化赤为新鲜血液，同时推动血液运行以供机体全身得到足够的营养物质，维持正常的生命活动。又其华在面，心气充足则颜面红润而有光泽，心气不足，无力推动血脉运行，则颜面失于濡养，苍白无华，心悸气短。

脾为后天之本，气血生化之源，主运化。脾胃所化生的水谷精微是化生血液的最基本物质。又因为脾之华在唇，主肌肉，脾胃虚弱，则气血化源不足，出现唇色淡白，疲倦乏力。

肾藏精，主骨生髓。肝藏血，主疏泄。中医认为肝肾同源，精血同源，相互滋生和转化，精化血，血生精，肝肾同源于精血而互生。肾其华在发，开窍于耳，发为血之余，腰为肾之府，故肾精不足，精血无以化生、濡养脏腑组织，则腰膝酸软，耳鸣耳聋，头发稀疏而枯黄。肝开窍于目，其华在爪，肝脏阴血亏虚，则筋脉失养，爪甲色白易脆，四肢震颤抽动，头晕目涩。

由上可见，血液的生成与心、肝、脾、肾均有密切的关系，但其本在于脾肾亏虚，气血不足。因此，应以健脾补肾，益精养血为基本大法，兼以养心安神，滋阴柔肝。

（五）营养性贫血的常见中医证型、表现及调养原则

1. 气血两虚　疲倦乏力，面色苍白，头晕眼花，耳鸣，心悸，头发稀疏枯槁，月经失调，量少色淡，舌质淡或舌红少苔，脉细数无力。调养原则：益气养血。可选择以益气养血原料为主的改善营养性贫血类保健食品。

2. 脾胃虚弱　面色萎黄或㿠白，神疲乏力，纳少便溏，形体消瘦，舌质淡，苔薄腻，脉沉细。调养原则：健脾益气，以滋化生之源。可选择以健脾益气原料为主的改善营养性贫血类保健食品。

3. 心脾两虚　面色萎黄或苍白，唇甲色淡，疲乏无力，时有头晕目眩，心悸怔忡，失眠多梦，气短懒言，食少纳呆，腹胀便溏，舌红，少苔或无苔，脉细数。调养原则：健脾益气，养血安神。可选择以健脾益气、养血安神原料为主的改善营养性贫血类保健食品。

4. 脾肾两虚　面色萎黄或苍白无华，心悸气短，耳鸣眩晕，神疲肢软，腰膝酸软，畏寒肢冷，腹胀便溏，尿频或夜尿多，或下肢麻木，舌胖淡，苔薄，脉沉细。调养原则：健脾补肾，温阳益气。可选择以健脾补肾，温阳益气原料为主的改善营养性贫血类保健食品。

5. 肝肾亏虚　面色、皮肤黏膜苍白，爪甲色白易脆，发育迟缓，头晕目涩，两颧潮红，潮热盗汗，毛发枯黄，四肢震颤抽动，舌红，苔少或光剥，脉弦细或细数。调养原则：滋补肝肾，益精养血。可选择以滋补肝肾，益精养血原料为主的改善营养性贫血类保健食品。

（六）改善营养性贫血的常用原料

1. 常用的具有益气养血功能的原料　黄芪、当归、白芍、熟地、川芎、大枣、阿胶、何首乌、三七、益母草、玫瑰花等。现代药理研究证实，黄芪对造血功能有保护和促进作用，对血细胞数下降也有回升作用。

2. 常用的具有健脾益气功能的原料　人参、红景天、党参、西洋参、白术、茯苓、薏苡仁、山药、陈皮、绞股蓝、灵芝、刺五加等。

3. 常用的具有养心安神功能的原料　丹参、珍珠、龙眼肉、大枣、酸枣仁等。

4. 常用的具有补肾填精功能的原料　淫羊藿、马鹿茸、马鹿胎、菟丝子、黄精、益智仁等。

5. 常用的具有养肝滋阴功能的原料　枸杞子、桑葚、龟甲、墨旱莲、女贞子、玉竹、麦冬等。

除上述中药材原料之外，还可选用葡萄糖酸亚铁、乳酸亚铁、氯化高铁血红素、维生素 C、叶酸等。

十九、对化学性肝损伤有辅助保护功能

化学性肝损伤是指由化学性肝毒性物质所造成的肝脏的损伤。造成化学性肝损伤的原因是多方面的，如食物、酒精、药物等。化学性肝损伤的早期临床表现不太明显，出现全身倦怠、食欲不振、恶心、低热、瘙痒等症状；后期出现黄疸、上消化道出血、腹水及肝部肿块等，这时就会严重影响人体健康，甚至会危及生命。

（一）化学性肝损伤的常见表现

化学性肝损伤依据毒物或化学药物的肝毒性、被吸收剂量及作用时间长短等，症状有所不同。可分为以下两个阶段：①早期肝损伤，主要表现为肝区不适、右胁肋部疼痛或右上腹部疼痛、轻度发热、食欲缺乏、肢体乏力等症状，肝功能出现异常。②中晚期肝损伤，肝损伤加重至肝硬化等，主要表现为黄疸、肝大、身体发热、肝脏疼痛、腹部胀感、肢体倦怠、疲乏无力、呕吐、腹泻便溏、肌肉消瘦、体重减轻等症状。

（二） 化学性肝损伤的发生情况及危害

化学性肝损伤与药物、环境因素、生活习惯（如酗酒、食用有毒或被毒素污染的食物、吸毒）等有关。随着工业与医药行业的迅猛发展，有关致病性化学物质和具有肝毒性的药物报道渐增，部分药物性肝损伤常是暴发性肝衰竭的重要原因。环境中化肥、残留农药、油漆、重金属以及食用酒精、防腐剂、色素、被污染的食品和水等广泛存在，接触化学毒物机会增多，化学性肝损伤发病率日益增加。据世界卫生组织统计，药物性肝损害已上升至全球死亡原因的第 5 位。同时，酒精所致的化学性肝损伤亦不容忽视。据估计全世界有 1500 ～ 2000 万人酗酒，其中 10% ～20% 的人发生不同程度的酒精性肝损伤。化学性肝损伤将成为 21 世纪危害人类健康的重要问题。

（三） 现代医学对化学性肝损伤的认识

现代医学认为，肝脏是人体的重要解毒器官，化学物质可通过胃肠道门静脉或体循环进入肝脏进行转化，因此肝脏容易受到化学物性毒性物质损害。化学性肝毒性物质首先可引起脂质过氧化反应，造成细胞的结构与功能的改变；然后干扰脂蛋白的合成与转运，造成肝的脂肪变性，形成脂肪肝；接着肝细胞膜和微绒毛受损，引起胆汁酸排泄障碍，造成胆汁郁积反应；最后是肝细胞凋亡或坏死，进而向肝纤维化、肝硬化及肝肿瘤等严重危害人类健康的方向发展。

（四） 中医学对于肝脏疾病的认识

化学性肝损伤根据其临床表现可归属中医“胁痛”、“黄疸”等范畴。中医理论认为化学性毒物或肝毒性药物属于邪毒，邪毒侵犯，具有损肝戕脾、耗气伤血的特点。中医认为其病机是由邪侵正虚、毒损肝脾所致。化学性毒物或肝毒性药物进入体内后，正邪交争，则出现身体发热；邪毒损伤肝体，肝用受损，并产生瘀血，肝失其调达之性，肝气横溢，不独本脏受病，波及他脏，以致肝胆失疏，经络阻滞，气滞血瘀，不通则痛，出现肝大、肝区不适、胁痛、腹痛；或因饮酒过度，或情志失调，或久病体虚，毒物或肝毒性药物等外邪戕伐脾胃，致使脾胃受损，脾胃虚弱，脾虚血亏，运化无权，出现纳差乏力，甚则腹泻等；由于脾胃为气机升降之枢纽，脾胃升降失常，必然气机不畅，出现呕吐、腹胀；脾虚使湿失运，湿郁化热，湿热毒壅，蕴结肝脾，气机失畅致肝气郁结不能疏泄，则胆汁输运排泄失常，导致胆汁入血，溢于肌肤则发黄疸。诸多化学性毒物或肝毒性药物作为致病毒邪，引起的损伤与气血亏耗、气滞血瘀、脏腑功能失调有关。因此，针对化学性肝损伤的致病邪毒，进行清热利湿解毒、疏肝理气、健脾和胃、益气活血，可有效减轻化学性肝损伤。

（五）肝损伤常见的中医证型、表现及调养原则

1. 毒伤脾胃型 可见发热，右胁肋部疼痛，恶心，呕吐，食欲缺乏，乏力，腹泻，或伴腹胀，口干口渴，舌质红，苔薄黄，脉浮紧或浮数等。调养原则：清热和胃解毒。可选择以具有解毒功能和健脾功能的原料为主制成的对化学性肝损伤有辅助保护功能的保健食品。

2. 肝胆湿热型 可见发热，胁痛口苦，胸闷纳呆，乏力，恶心呕吐，目赤或身目发黄，小便黄，舌红苔黄腻，脉弦数或浮数等。调养原则：清热利湿。可选择以具有祛湿和清热解毒功能的原料为主制成的对化学性肝损伤有辅助保护功能的保健食品。

3. 肝郁气滞型 可见右胁痛，常因情志变动而增减，纳差口呆，嗳气频作，轻度发热，或见烦热口干，舌红苔黄，脉弦等。调养原则：疏肝理气。可选择以具有行气功能的原料为主制成的对化学性肝损伤有辅助保护功能的保健食品。

4. 血瘀气滞型 可见右胁肋疼痛如刺，痛处不移，入夜更甚，或胁肋下有痞块，腹部胀感，肢体倦怠疲乏，或身目发黄，舌质紫暗或伴瘀斑，脉沉涩等。调养原则：活血行气。可选择以具有活血与行气功能的原料为主制成的对化学性肝损伤有辅助保护功能的保健食品。

5. 气虚血亏型　可见面色萎黄，肝区不适或疼痛，神疲气短，四肢乏力，食欲缺乏，或腹胀腹泻，头目昏眩，舌质淡红，脉弦细等。调养原则：益气补血。可选择以具有补气和补血功能的原料为主制成的对化学性肝损伤有辅助保护功能的保健食品。

（六）对化学性肝损伤有辅助保护功能的常用原料

1. 常用的具有清热解毒功能的原料　金银花、马齿苋、蒲公英、制大黄、牛蒡子、芦荟、知母、牡丹皮、赤芍等。药理研究证实金银花对小鼠化学性肝损伤具有一定的保护作用，主要通过抗肝脏的脂质过氧化途径实现。马齿苋水提物则可使肝细胞坏死程度减轻，降低ALT、AST等转氨酶以对抗化学性肝损伤。牡丹皮活性成分丹皮总苷可促进肝脏糖原合成和提高血清蛋白含量，可能通过影响肝脏代谢功能，增强抗氧化作用，加强解毒能力，发挥抗化学性肝损伤作用。

2. 常用的具有祛湿功能的原料　厚朴、苍术、猪苓、茯苓、桑白皮等。研究表明苍术醇对CCl_4诱导的小鼠肝损伤模型具有保肝、降酶作用。猪苓有利尿、保护肝脏、促进肝脏蛋白质的合成等作用。

3. 常用的具有行气活血功能的原料　青皮、香附、陈皮、枳壳、紫苏、川芎、桃仁、丹参等。现代药理研究证明：青皮煎剂能有效地减轻急性化学性肝损伤大鼠肝细胞的变性、坏死，并呈现明显的量效关系。紫苏提取物对CCl_4或APAP诱导的小鼠急性化学性肝脏氧化损伤亦有显著保护作用。川芎有效成分川芎嗪能显著降低小鼠血清中升高的GPT、GOT，降低XOD活力和过氧化物终产物MDA的含量等，并可以显著降低离体培养染毒肝细胞的GPT水平，提示川芎嗪对小鼠化学性肝损伤具有显著的保护作用。

4. 常用的具有补血功能的原料　当归、地黄、白芍、何首乌等。现代药理研究证明纯化的当归多糖对酒精及CCl_4诱导的不同类型化学性肝损伤均有明显的干预作用，但其干预能力因保护机制不同而有所差别；当归多糖可降低肝损伤模型组动物的 sALT、sAST，以减轻肝脏损伤，并可抑制乙醇所致的 CYP2E1 上调。白芍总苷灌胃可明显减轻化学性肝损伤小鼠肝组织坏死范围及程度，减少炎性细胞浸润，对抗自由基等。

5. 常用的具有补气健脾功能的原料　黄芪、甘草、红景天、大枣、沙棘、灵芝、山药、白术、山楂、茯苓等。现代药理研究证明黄芪提取物（AE）各给药组均能不同程度地改善动物肝细胞变性、坏死病变。灵芝提取物及其与黄芪、姜黄等组成的复方合剂对 CCl$_4$ 引起的急性化学性肝损伤通过抗氧化效应呈现出明显的预防和保护作用。山药水提物对 CCl$_4$ 造成的化学性肝损伤具有保护作用，并呈现一定的剂量依赖关系。

二十、祛痤疮

痤疮是一种多因素综合作用所致的毛囊、皮脂腺疾病，好发于面部，是皮肤科的常见疾病。主要与皮脂产生增多，毛囊口上皮角化亢进及毛囊内丙酸痤疮杆菌增殖有关，也有一定的遗传因素。临床上分为寻常性痤疮、丘疹性痤疮、脓疱性痤疮及结节性痤疮等多种类型。痤疮好发于青少年，伴随人民生活水平的提高，中年人的发病率也逐年提高。

（一）痤疮人群的常见表现

临床上按照症状、表现将痤疮分为以下几种类型。

1. 寻常性痤疮　皮损好发于面颊、额部、颊部和鼻颊部，其次是胸部、背部、肩部及皮脂腺丰富部位，只有少数患者可侵犯四肢和臀部形成泛发性痤疮。皮损可为丘疹、粉刺、炎性丘疹、脓疱等，常以一两种损害为主，本病一般无自觉症状，炎症明显可有疼痛。

2. 丘疹性痤疮　皮损以炎性丘疹为主，丘疹中央可有黑头粉刺或半透明的脂栓。最常见的皮肤损害以发炎的小丘疹为主，高出皮肤，大小有如米粒到豌豆大，较密集，有的也较坚硬，颜色是淡红色或深红色，有时在丘疹中央可以看到黑头或顶端发黑的皮脂栓，时有痒或疼痛感。皮损形态是以针帽大小的炎性丘疹为主。面部往往潮红，丘疹散在或密集成群分布。

3. 脓疱性痤疮　皮损以脓疱、炎性丘疹为主，脓疱多位于丘疹顶端，破溃后有黏稠的脓液流出。以脓疱表现为主，高出皮肤有绿豆大小，顶部形成白头脓疱，底部色浅红或深红，触之有痛感，脓液较为黏稠，治愈后常遗留或浅或深的瘢痕。皮损是以绿豆大小丘疹脓疱为主。

4. 结节性痤疮　炎症浸润较深时，脓疱性痤疮可发展成厚壁的结节，大小不等，呈暗红或紫红色。持续时间长，有的逐渐吸收，有的化脓破溃形成瘢痕。当发炎部位较深时，脓疱性痤疮可发展成壁厚的结节，大小不等，颜色呈浅红色或深红色，表现不一，有的显著隆起，而成为半球形或圆锥形，可长期存在或逐渐吸收；若脓液破溃后形成明显的瘢痕和色素沉着。这类痤疮的特点是出现结节性皮肤损害，这种皮损不但会造成毁容，而且可能会有一定程度的疼痛感。

5. 萎缩性痤疮　皮损形态是以脓肿、囊肿、溃破后遗留凹陷不平的瘢痕为主，这种痤疮的患者最近越来越多。一般发病时间长，愈后皮肤损害较严重，这种现象多是因患者采用不正确的治疗方法和药物造成的。

6. 暴发性痤疮　为痤疮丙酸杆菌引起的免疫反应或用维 A 酸引起。急性发作，全身不适，有贫血、体重下降，肌肉、骨骼、关节痛，厌食。皮损多为囊肿性溃疡，痛性炎性结节及囊肿，可见痤疮样发疹。男性多见。

7. 点状样痤疮　面部呈现的小点状散在小白点接近于皮肤色，如用手挤压，可挤出条状或米粒大的黄白色、半透明的脂肪栓。还有表现为小点状的小黑点，是经过氧化后所形成。

（二）痤疮的发生情况及危害

痤疮好发于青少年，青春期发病率很高。美国 1996 年的一项普查数据表明痤疮在 12～24 岁人群中的发生率为 85%。一项针对澳大利亚维多利亚地区 16～18 岁在校学生的研究表明，97.8% 的男生和 89.8% 的女生患有面部和颈部的痤疮，其中有 17% 为中、重度痤疮。不同地区的寻常痤疮患病率各有差异，有些差异甚大，从世界范围来看，日本的痤疮患病率低于美国，白人比黑人更容易发生瘢痕性痤疮，这可能与种族、地区环境、气候等差异有关。我国痤疮流行病学调查结果显示，青春期寻常痤疮患病率为 86.9%，男性高于女性。

痤疮好发于面部，易反复发作，缠绵难愈，严重影响患者容貌及生活质量。爱美之心人皆有之，痤疮对患者心理的影响远大于对身体的影响。痤疮是一种常见病、多发病，不治疗或者挤压痤疮容易留下色素沉着或者痤疮瘢痕，严重影响患者的外貌。部分痤疮患者心理健康受到影响，表现为焦虑、易怒和不自信，甚至会影响择业。

（三）现代医学对痤疮的认识

痤疮是一种全球性的疾病，有时甚至被认为是人类的生理反应，几乎所有人在其一生中均出现过轻重不等的痤疮。随着生活水平的提高，物质资源的丰富，人们饮食结构改变，偏嗜辛辣肥甘及调味品，加上环境污染、药物滥用严重，患痤疮的人越来越多，痤疮已经不再是年轻人的专利，痤疮发病已从青年向中年和少年扩张。现代医学对痤疮治疗多从杀菌消炎、调节内分泌、抑制皮脂产生等角度出发，虽然有相对应的治疗药物，但是避免不了副作用。

痤疮的发生主要与皮脂腺分泌增多有关。皮脂腺的发育及皮脂腺的产生受雄激素的支配，而雄激素的分泌受年龄、内分泌、遗传等因素影响。痤疮患者的皮脂腺较大，皮脂腺分泌产生较正常人多，由于皮脂腺分泌增加，滤泡过度角化，上皮细胞不能正常脱落，导致毛囊口过度变小，皮脂不能顺畅排出，淤积在毛囊口，形成痤疮。除了上述原因外，饮食也可影响痤疮，如脂肪、糖、辛辣食物、乳酪、花生等均可增加皮脂产生使炎症加剧。

祛痤疮保健食品具有缓解、改善痤疮的特定保健功能，适宜于患痤疮人群。作为特殊食品，可长期安全使用，辅助祛痤疮药物发挥作用。

（四）中医学对痤疮机制的认识

痤疮属中医"肺风粉刺"、"肺风酒刺"范畴，中医对痤疮的认识早已有了许多论述，如《素问·生气通天论》记载："汗出见湿，乃生痤痱""劳汗当风，寒薄为皶，郁乃痤"。《石室秘录》一书中载有："粉刺之症，乃肺热而风吹之，多生此疵"。《外科大成》中论"肺风酒刺"说："肺风由肺经血热淤滞不行而生酒刺也"说明肺经积热上冲颜面，熏蒸肌肤，致使血热蕴湿，而生丘疹、脓疱。总之，痤疮的发生主要是由于先天禀赋异常，或饮食不节、过食肥甘厚腻以致脾胃湿热、内蕴上蒸，或肺经蕴热、外感风邪，或思虑过度、情绪激动、烦躁不安、气血蕴结化热，或消化道功能紊乱、便秘、内分泌紊乱，凝滞于面部而成。中医对皮肤病的认识，不局限于局部，而从整体着眼，认为绝大多数皮肤病主要系整体病变引起或与整体功能失衡有关。阴阳不平衡，卫气营血不调和，脏腑经络不通畅等与皮损变化息息相关。

（五）痤疮的常见中医证型、表现及调养原则

1. 肺经风热型　中医理论认为肺主皮毛，肺将水谷精微输送到皮肤，使皮肤滋润，毛发光泽。肺为娇脏，又为华盖之官，故而易受外邪侵袭。青年人气血旺盛，阳热偏盛，肺经蕴热，加之风邪侵袭，灰尘附面、滥用化妆品等，使毛孔阻塞，内热郁闭，上蒸面部而成痤疮。表现为肤色潮红微热，炎症性丘疹，中央有黄头或脂栓，舌红，苔薄黄，脉浮数。调养原则：宣肺清热、散风解毒。可选择以宣肺清热、散风解毒功能原料为主的祛痤疮类保健食品。

2. 脾虚湿热型　脾主运化，主升清。食物只有通过脾的运化才能转化成水谷精微，又通过脾的升清作用，将水谷精微上输到头面，营养头面部肌肤。若过食肥甘厚味、辛辣燥热之品，脾胃蕴湿积热，湿热蕴结外犯肌肤，肌肤不得宣泄而致痤疮。可见皮肤油腻，间有脓疱、结节，或伴口臭，纳呆腹胀，便秘溺赤，舌质红，苔黄腻，脉滑数，或见脓疱囊肿，病情缠绵，皮疹此起彼伏等。多为Ⅱ、Ⅲ、Ⅳ级痤疮。调养原则：清热健脾、祛湿解毒。可选择以清热健脾、祛湿解毒功能原料为主的祛痤疮类保健食品。

3. 血瘀痰凝型　不洁尘埃或粉脂附着肌肤，使毛孔不通，气血凝滞，或冷水洗面，气血遇寒凉而郁塞，以致粟疹累累；或者痤疮日久不愈，使气血瘀滞，经脉失畅，或肺胃积热，久蕴不解，化湿生痰，痰血瘀结，导致粟疹日渐扩大，或局部出现结节，累累相连。可见皮疹旷久不愈，色暗不鲜，坚硬疼痛，或伴结节囊肿、瘢痕与色素沉着，舌黯红，脉滑。多为Ⅲ、Ⅳ级痤疮。调养原则：活血散瘀、祛痰、化湿解毒。

4. 肝郁气滞型　内分泌紊乱是导致痤疮的一个重要因素。痤疮人群中女性占有很大的比例，其中大部分女性都伴随有月经不调、痛经等内分泌紊乱的症状。女性痤疮患者常常在经期前，痤疮呈周期性加重。中医认为"女子以肝为本"，肝气不舒，肝血不足，都会影响女性气血循环，气滞则血瘀，气血壅滞于面则发为痤疮。可见皮疹分布于面部及胸背，伴有胸闷不舒、两肋胀痛、喜生闷气，女性经期前面部皮损加重，乳房胀痛。调养原则：宜疏肝理气散结。可选择以疏肝理气散结功能原料为主的祛痤疮类保健食品。

（六）调养痤疮的常用原料

1. 常用的具有宣肺清热，散风解毒功能的原料　甘草、蜂蜜、栀子、薄荷、牛蒡子、桑叶、淡豆豉等疏风散热之品，配伍金银花、鱼腥草、野菊花、金荞麦、马齿苋、绿豆、蒲公英等清肺解毒之品。

2. 常用的具有健脾祛湿，清热解毒功能的原料 白术、茯苓、山药、薏苡仁、苍术、泽泻、木瓜、橘皮、佛手等健脾祛湿之品。

3. 常用的具有活血散瘀，化痰解毒功能的原料 丹参、山楂、桃仁、当归、贝母、赤芍、昆布、牡蛎、杏仁、丁香等。

4. 常用的具有疏肝理气，调经消痤功能的原料 玫瑰花、香附、益母草、当归、泽兰、川芎、木香等原料。

二十一、祛黄褐斑

黄褐斑是一种常见的色素增多性皮肤病，其产生主要与内分泌失调有关，表现为体内雌激素和孕激素的异常导致黑色素产生增多。黄褐斑多对称分布于颧、颊、颏部，以中青年女性多见，多发生于日晒部位。

（一）黄褐斑人群的常见表现及特点

黄褐斑典型症状为边界清楚的淡褐色、咖啡色或淡黑色斑片，表面光滑无鳞屑。多对称分布于颧、颊、颏部，或见于鼻及上唇等部位，形似蝴蝶，故亦称为"蝴蝶斑"，医学上称为"黄褐斑"。常见于中青年女性，病程缓慢。无自觉症状。色素随季节、日晒、内分泌变化等因素可稍有变化，往往经久不退，一部分人群于分娩后或停服避孕药后可缓慢消退。某些疾病发生时常伴随着黄褐斑的发生，如生殖器官疾病（子宫附件炎、不孕症等）、月经不调、肝病、慢性营养不良、胃肠功能紊乱等。

（二）黄褐斑的发生情况及危害

由于生活节奏的加快，工作紧张，家务繁忙，黄褐斑的患病率也有增高趋势。本病男女均可发生，以中青年女性较多，经期及孕期加重。在部分地区人群自然患病率达9.7%，女性与男性患者之比约为9：1，尤其在育龄期女性患病较多。随着人们生活水平的提高，人们对面部美容越来越重视，黄褐斑虽无不适症状，但却严重地影响了面部的美观，且多伴有月经不调、痛经、乳腺小叶增生等性激素失调症状，病程顽固，缠绵难愈，给患者精神和生活带来诸多烦恼和痛苦，甚至造成心身障碍。

（三）现代医学对黄褐斑的认识

黄褐斑发病机制复杂，其确切机制迄今未明，一般认为与内分泌失调、妊娠、雌激素和孕激素水平、遗传因素、口服避孕药、子宫卵巢疾病、遗传因素、氧自由基、紫外线照射、血清铜含量、肝炎、胆囊炎、酪氨酸酶功能障碍、化妆品、光毒性药物、情绪因素、营养因素等诸多因素有关，其中内分泌失调、遗传因素、紫外线照射是发病的主要原因，黑色素过多是其核心病理表现。黑色素细胞可通过酪氨酸－酪氨酸酶的一系列生化反应在细胞内产生黑色素，已证明雌激素可刺激黑色素细胞分泌黑色素颗粒，黄褐斑患者多有雌二醇升高。而孕激素能促进黑色素体的转运和增加黑色素含量。黄褐斑与自由基增多也有关系。正常情况下，体内有许多氧自由基清除剂，在基因调控下，体内氧化与抗氧化之间处于动态平衡。研究表明：机体氧化反应加速，抗氧化活性降低，氧化与抗氧化失衡可能是产生黄褐斑不可忽视的因素。黄褐斑与皮肤微生态有关：皮肤表面有大量微生物存在，根据其存在情况不同分为常驻菌（如痤疮丙酸杆菌、表皮葡萄球菌）和暂驻菌或共生菌（如棒杆菌、需氧革兰阴性菌及产色素的微球菌）。当正常菌群失调，就会出现包括黄褐斑在内的各种病症。有资料表明：女性黄褐斑患者血清铜、锌、铁水平较高，镁水平下降。已证明酪氨酸酶催化酪氨酸形成黑色素的能力与铜离子成正比，血清铜水平升高使酪氨酸酶活性增强，色素沉着增加而发生黄褐斑。现代医学治疗本病的原理主要是抑制黑色素细胞活性，抑制黑色素合成，去除已经生成的黑色素，破坏黑色素颗粒及运用具有防光效应的遮光剂等，虽有一定效果，但也有一定的不良反应；口服常用维生素 C 和维生素 E，疗效尚欠理想。对黄褐斑的防治主要应注意以下几点：避开外界不正常的气候和有害因素，采取防晒措施；保持情绪宁静平和，避免抑郁急躁；生活起居有规律；适当多吃蔬菜、水果及禽蛋、乳、肉类食品。

（四）中医学对黄褐斑机制的认识

黄褐斑祖国医学称"面尘"、"肝斑"、"黧黑斑"、"蝴蝶斑"等。古文献中虽然无"黄褐斑"这一病名，但人们对该病早有认识，历代医家对其多有阐述。早在《素问·至真要大论》就有"面尘"的记载。《难经》曰："脉不通则血不流，血不流则色泽去，所以面色黑如漆，此血先死"。指出黄褐斑的形成与瘀血关系密切。《外科证治全书》面尘记载"面色如尘垢，日久煤黑，形枯不泽。或起大小黑斑，与面肤相平。"《医宗金鉴·外科心法要诀》、《外科正宗》、《女科百问》等均有论述。认为黄褐斑的病机为血气不和，不能荣于皮肤。从黄褐斑的发病看，生育年龄妇女情志波动，房劳产育，操劳过度多见肝气郁结，肾阴不足，脾气亏虚。若肝郁不舒则气血郁结；脾虚失摄则血不循脉道，脾失健运气血生化乏源，水谷精微不能上输，肾阴不足则虚火上炎，肝失肾水滋养而失于条达。因此，褐斑的形成与外感六淫、内伤七情及饮食不调致脏腑功能异常、经络阻滞、阴阳失调、气血不和等有关，其中与肝、脾、肾的关系最密切，并多虚多瘀。

（五）黄褐斑的常见中医证型、表现及调养原则

1. 肝气郁滞型　表现为面部浅褐色或深褐色斑片，边界清楚，分布于面颊、目周；多伴有胸胁胀满疼痛，乳房作胀，烦躁易怒，善叹息，月经不调，舌质红，苔薄白，脉弦。调养原则：疏肝解郁。可选择以疏肝解郁和养血功能原料为主制成的有祛黄褐斑功能的保健食品。

2. 瘀血阻滞型　面部色斑颜色较深，边界清楚；多伴有月经不调，月经期间小腹刺痛，月经色黯，或有血块，舌质紫黯，舌下静脉

曲张，脉涩。调养原则：活血化瘀。可选择以活血化瘀功能原料为主制成的有祛黄褐斑功能的保健食品。

3. 气血虚弱型　表现为面部淡褐色斑片如尘土，或灰褐色，边界不清，分布于前额、口周，多伴有神疲体倦，食少纳呆，脘腹胀闷，舌质淡，苔白腻，脉沉细。调养原则：补益气血。可选择以补气健脾和补血功能原料为主制成的有祛黄褐斑功能的保健食品。

4. 肝肾亏虚型　表现为面部皮肤呈黑色斑片，大小不等，边缘清楚，分布对称；月经不调，量少，腰酸，五心烦热，舌质红，脉沉细。调养原则：补益肝肾。可选择以补益肝肾功能原料为主制成的有祛黄褐斑功能的保健食品。

（六）祛黄褐斑的常用原料

1. 常用的具有疏肝解郁功能的原料　柴胡、香附、白芍、青皮、佛手、香橼、白蒺藜、川芎、薄荷、菊花、珍珠等。研究表明：逍遥散对于肝郁脾虚型黄褐斑小鼠模型具有较好的预防和治疗作用，其作用机制可能是通过预防皮肤黑色素细胞的 NOS 和酪氨酸酶 mRNA 表达，以减少皮肤黑色素的生成。柴胡可降低酪氨酸酶活性，抑制黑色素生成。

2. 常用的具有补气健脾功能的原料　人参、党参、山药、黄芪、茯苓、白术、薏苡仁、陈皮等。茯苓、山药能降低酪氨酸酶的活性，抑制黑色素形成。

3. 常用的具有补血功能的原料　当归、白芍、熟地黄、阿胶、龙眼肉、大枣、沙棘等。当归主要含壬二酸、阿魏酸、多种氨基酸、当归多糖，含有锰、锌等微量元素，具有抗脂质过氧化作用，保护膜脂质不受氧化，拮抗自由基对组织的损害，有效地抑制酪氨酸酶活性。沙棘含有丰富的不饱和脂肪酸及维生素，有高效的抗氧化作用，可清除过量的自由基，终止自由基的连锁反应，同时沙棘还有降低血液黏度和抗凝作用。

4. 常用的具有活血化瘀功能的原料 当归、川芎、红花、桃仁、丹参、益母草、泽兰、银杏叶、赤芍、丹皮等。川芎嗪能明显降低黄褐斑患者的血脂过氧化物，升高超氧化物歧化酶含量，对治疗黄褐斑有较高的临床实用价值。红花能改善机体微循环、抑制血小板黏附，通过改变血流变来达到祛斑美容的作用。

5. 常用的具有补益肝肾功能的原料 山茱萸、山药、熟地黄、女贞子、菟丝子、枸杞子、黄精、马鹿胎、淫羊藿、肉苁蓉、杜仲等。现代药理研究表明山茱萸能降低酪氨酸酶活性；枸杞子可以通过其抗氧化、抗衰老、清除自由基的作用，抑制酪氨酸的氧化作用，改善黄褐斑症状。

二十二、改善皮肤水分

皮肤是人体中重要的贮水器官，所贮存水分约占全身水分含量的18%～20%。当皮肤受到冷、热、机械磨损、洗涤剂等外源性刺激，或伴随衰老、皮肤病等内因，导致皮肤角质层含水量低于10%，皮肤就会干燥、粗糙甚至皲裂。皮肤干燥可发生于全身各处，尤以面部和手部最为常见。

（一）皮肤水分缺乏人群的常见表现

皮肤干燥有两种类型：一种是简单型，即皮肤缺乏油脂，使皮肤的水分容易蒸发，这种情况经常发生在35岁以下的女性；一种是复杂型，在老年人中比较普遍，既缺乏油脂又缺乏水分，特别是皮肤松皱、皮肤脱色或有色斑，主观感觉则为皮肤紧巴。修复皮肤屏障功能最简单的方法是外用保湿剂，以增加表皮的含水量为目的，主要还是增加角质细胞的含水量。外用保湿剂覆盖在表皮上形成一层油，把水分赶回表皮中去，以纠正干燥、脱屑、龟裂和皲裂等现象。但它并不是从根本上修复表皮屏障功能，而只是把水分挡住，不让其逸出。外用保湿剂只适合皮肤的表层缺水，不能到达皮肤深层，无法解决深层皮肤缺水问题。而且，外用保湿剂容易引起刺激性或过敏性皮炎，有使皮肤油腻，容易脏衣服，气味不佳等缺点。

（二）皮肤水分缺乏的发生情况及危害

皮肤水分不足现象越来越普遍引起人们的关注。有研究表明，无论皮肤属于哪一类的女性，90%都存在缺水的情况。现代生活中空调、环境污染、季节干燥、气候寒冷、使用电脑等因素都会令肌肤水分流失，造成皮肤粗糙、晦暗，产生皱纹等。

皮肤保湿功能下降时，皮肤容易干燥、鳞屑、龟裂，形成皮肤干燥症，引起各种皮肤病，导致皮肤敏感、皮肤晦暗粗糙无光泽等。许多皮肤病的发生与皮肤水分的下降密切相关，如干燥性湿疹、皮肤敏感性皮炎、鱼鳞病、玫瑰痤疮等，所以皮肤病的发生与皮肤屏障功能的损害往往互为因果。

（三）现代医学对皮肤水分缺乏的认识

皮肤位于体表，是人体最大的器官之一，约占体重的16%，具有重要的屏障作用。科学实验表明，水是人体之本。人体全身水分主要贮存在皮肤中，皮肤贮存水分占全身的18%~20%，其余的水分均匀地分布在肌肉、内脏和血液中。人体中水的含量依其不同的发展阶段而有所不同。胎儿体内的水分约占90%，婴儿时期为80%，青壮年为70%，中老年为60%甚至50%，所以人的老年化衰老的过程也是一种水分丢失的过程。

皮肤分为表皮、真皮、皮下组织。其中表皮分为角质层、颗粒层、有棘层和基底层；真皮分为胶原纤维、弹性纤维、毛细血管；皮下组织分为脂肪层和松散的结缔组织。最外层为表皮，是皮肤最为重要的部分，表皮的角质层在维持皮肤的屏障功能、保持皮肤的含水量、防止水分流失方面起了重要的作用，要使皮肤角质层的含水量保持最佳状态，一般认为其含水量应在10%～20%之间。若角质层含水量低于10%，皮肤就会干燥、粗糙甚至皲裂。皮脂是皮肤表面脂类的主要来源，它与水形成乳化液，有制止水分过快蒸发，使皮肤和毛发保持柔润的作用。皮肤若能保持油脂与水分平衡，就能维持健康与漂亮。水分是在皮肤细胞的里面，而油脂却在细胞的外面，油脂能保护细胞内的水分不被蒸发。

在健康的皮肤角质层中，大约含有10%～20%的水分。有了这些水分，皮肤才会光滑有弹性。当皮肤的含水量下降到10%以下时，就会造成皮肤干燥；相反的，如果皮肤中含有太多的水分特别是泡澡或淋浴太久时，也会破坏皮肤表面的保护层，最后造成皮肤刺激和干燥，皮肤的免疫功能也会受到损害。

皮肤干燥的常见外源性原因包括冷、热、机械磨损、暴露于洗涤剂、过分清洗以及应用维A酸、紫外线等治疗；内源性原因有皮肤的脆弱老化、干燥症、鱼鳞病、银屑病、慢性湿疹、特异性皮炎（AD）等。所以具有改善皮肤水分功能的保健食品，适宜于那些暴露在这些外源性和内源性原因的人群。所谓改善皮肤水分即进行皮肤保湿。保持皮肤湿润是改善皮肤生理环境、促进皮肤新陈代谢的先决条件。皮肤保湿能力降低会导致皮肤屏障功能下降，皮肤屏障功能下降又会进一步导致皮肤保湿能力降低，并形成一个恶性循环。因此对于正常的皮肤屏障功能来说保湿既是维持皮肤生理功能，延缓皮肤衰老的基本保障，又是预防及治疗皮肤病的重要环节。

（四）中医对皮肤水分缺乏的认识

皮肤水分不足归属于中医学"燥证"的范畴，燥为其证候特点，机制为阴虚津亏，或兼瘀血内阻。中医认为皮肤的干燥、晦暗与气、血、津、液的失调有关。气、血、津、液是构成人体和维持生命活动的最基本物质，气是津液生成的物质基础和动力，津液在气的固摄作用下维持着一定的量。气运化正常则津液充足，津液具有滋润和濡养的作用，散布于肌表的津液具有滋润皮毛肌肤的作用。若津液的生成不足或丧失过多，均可导致津液亏耗。运行于脉中的血液，渗出于脉外则化生为没有濡润作用的瘀血，血瘀则可导致津液不足，导致肌肤干枯皱缩或粗糙不平。因此，具有益气养血，活血化瘀作用的中药都能够达到改善皮肤水分的功效。

津液的生成和输布与心、肝、脾、肺、肾五脏的运化功能密切相关。

1. 脾化生水精养料　中医学认为气血、津液等是人体功能活动的能量来源，为水谷精微，主要来源于饮食"受盛传化"，经脾脏"泌别清浊"，将饮食中具有形成机体活动的能量物质——水谷精微保留体内，将消化吸收的代谢废物排出体外，过程中形成的水精养料通过脾升清、转输功能输送全身。若脾胃虚弱，运化无权，致津液生化减少，或过分限制饮食及食欲不振，使津液生化之源匮乏，或热盛伤津耗液，大汗、吐泻太过，导致津液大量丧失。津液亏耗不能濡养肌肤，则皮肤干燥枯槁。

2. 肺化生皮肤水精　肺主宣发肃降，在体合皮，对体内津液的输布和排泄有疏通和调节作用。若燥邪袭肺，或肺气亏虚，肺主宣发功能失调，则水液不能外达皮毛，导致皮肤失去滋润，出现水分不足的现象。

3. 心化心血充盈心脉　脾升清输送水谷精微贯注于心，精微于心脉，化赤为血，保持血脉中血流的充盈。同时心脉得水谷精微濡养，化营气推动心血流动，充盈的血脉在旺盛心营与脾气的协同推动下，频率适中，节律一致，脉管舒缩有度，有效调摄血流，"通利脉道"周身运行往复，濡养机体，而不溢逸脱陷。若心气不足或是心血不足，导致气血运行不畅，可致瘀血形成，造成肌肤粗糙甚至甲错，同时心血不盈，心脉瘀血，脾失濡养也可影响脾脏最基础的化生水谷精微的作用。

4. 肝主皮肤水精藏与散　肝通过旺盛脾气，促脾运化，协调、辅助脾胃升降，食物消化吸收充足，水精原料充盛；脾转输水精并化生气血至肝，肝体肝脉得"清精濡养"，肝藏充足。肝气调畅、收泻有度，协助脾统摄全身血行有权。还可进一步疏利胆汁，输送肠道，促进胃肠对食物消化与精微物质的吸收和输送。若肝气不舒，肝气郁结容易影响脾胃的运化转输，导致脾胃之根本受影响。

5. 肾控皮肤水精生与行　肾阳为一身之阳气之本，"五脏阳气非此不能发"，肾阳气通过温煦全身脏腑、形体、官窍，保证水精的孕育化生、布散运行，调控机体功能活动，加速机体新陈代谢，"温煦全身"；肾阴为一身之阴精之源，"五脏之阴非此不能滋"，肾阴精通过濡润全身脏腑、形体、官窍，保持水精化生、运动与布散，调控机体功能活动，稳定机体新陈代谢"濡养内外"。肾的温煦与濡养成为固护皮肤水分与精华的重要内在调控中枢。

综上所述，皮肤水分精华的数量与质量是五脏功能协调统一的体现。五脏协调则皮肤色泽相和，荣华于外，是五脏精气旺盛，气血充盈的反映。涵养肌肤水分，保持皮肤健康外观状态，可从改善五脏功能的有余、不足方面入手，五脏中尤以脾、肺功能的正常运作最为重要。所以临床多采用内服外敷联合，侧重于从肺、脾入手，益气养阴，补肺润肤；健脾生津，滋养肌肤；清热生津，化瘀润燥，纠正脏腑功能紊乱。

（五）皮肤水分缺乏的常见中医证型、表现及调养原则

1. 肺阴不足型　肺为娇脏，又为华盖之官，因此，燥邪伤人，首先犯肺。肺主宣发肃降，肺主皮毛，肺气亏虚，使肺主宣发肃降功能减弱，则水液不能正常到达皮毛，不能滋润皮毛，导致皮肤水分不足。表现为皮肤干燥起皮，面生细纹，可能还伴有咽干鼻燥，干咳无痰或少痰等症状。调养原则：益气养阴，补肺润肤。可选择以具有益气养阴，补肺润肤功能的原料为主的有改善皮肤水分作用的保健食品。

2. 脾胃虚弱型　脾为后天之本，气血生化之源，脾主运化，人体摄入的水液必须经过脾的吸收和转化，以布散全身，而发挥濡养滋润的作用。若思虑过度，或饮食不节伤脾，脾失健运，使津液生化之源匮乏，津液亏耗不能濡养肌肤，则皮肤干燥枯槁。又脾属土，肺属金，脾为肺之母，脾失健运，母病及子，可以影响肺气宣发，进而影响津液敷布。表现为皮肤干燥枯槁，脾胃虚弱还表现为胃部隐痛，饥饿但不欲饮食，口干咽燥等症状。调养原则：健脾生津，滋养肌肤。可选择以具有健脾生津，滋养肌肤功能的原料为主的有改善皮肤水分作用的保健食品。

3. 瘀血停滞型　燥邪最易伤人津液，若病邪久恋，久病不愈，燥邪羁留，伤津耗气，由气及血，气伤则血脉鼓动无力，以致瘀血内留，血行不畅，从而导致气血瘀阻。表现为面色黧黑，皮肤皴裂，粗糙，有甚者可会有口渴感。调养原则：清热生津，化瘀润燥。可选择以具有清热生津，化瘀润燥功能的原料为主的有改善皮肤水分作用的保健食品。

（六）改善皮肤水分的常用原料

1. 常用的可以益气养阴，补肺润肤的原料　人参、黄芪、山药、白术、地黄、蜂蜜、杏仁、麦冬、大枣、百合、玉竹、石斛等。

2. 常用的可以健脾生津，滋养肌肤的原料　白术、茯苓、甘草、山药、黄精、木瓜、薏苡仁、桔梗等。

3. 常用的可以清热生津，化瘀润燥的原料　金银花、桑叶、绿豆、莲子、当归、三七、牡丹皮、丹参、桃仁、川芎、玄参、芦荟等。

二十三、改善皮肤油分

皮肤油分是由皮脂腺产生的，皮脂与汗腺及角质层排出的水分及多种物质共同形成一种覆盖于体表的孔化脂质膜，其作用是润滑皮肤、保持水分，防止皮肤干燥、皲裂。内分泌异常、饮食与生活习惯不良、精神紧张、外界环境因素刺激等，会导致皮肤油分缺乏，皮脂减少。主要表现为皮肤干燥，水分丢失，提早出现皱纹与衰老等。皮肤油分缺乏，好发于秋冬季节。可发生于各个年龄段人群，以老年人及从事碱性物质、肥皂、洗衣粉等制造业者为多。

（一）皮肤油分缺乏人群的常见表现

皮脂分泌的异常会引起一系列的皮肤问题。秋冬季节空气中水分相对少，皮肤油分缺乏者更容易有皮肤粗糙、暗淡无光、瘙痒、干燥脱屑、枯皱龟裂、毛发枯槁脱落等症状。对于皮脂分泌减少或缺乏症者，常表现为皮肤表面油脂少，单纯鱼鳞皮肤样变，可见有局限或广泛性皮肤干燥，皮肤紧张度消失，有不规则或网状样表皮红色细小裂隙，易引起皲裂并附着菲薄的糠麸状鳞屑，时有痒感或痛感，冬季更甚，无潮红及炎症现象；好发于小腿和前臂伸侧。

（二）皮肤油分缺乏的发生情况及危害

皮肤油分缺乏可发生于各个年龄段人群，但以老年人为多。从事碱性物质、肥皂、洗衣粉等制造工作者发病较多，亦可见儿童患病。老年人随着年龄的增长，雄激素特别是睾酮水平日益下降，皮脂腺逐渐萎缩，皮脂分泌量逐渐减少，老年人皮肤油分减少，皮肤会越来越干燥，尤其是停经后妇女表现得更为明显，而男子则在 70 岁后才较为明显。皮肤油分缺乏不仅可导致多种继发性皮肤病的发生，如红斑、丘疹、斑丘疹、渗出结痂等湿疹样变，还可导致皮肤萎缩，肌肤提前衰老，影响皮肤健康与美观。

（三）现代医学对皮肤油分的认识

现代医学认为皮肤油分是由皮脂腺产生的，皮脂腺是皮肤附属器的一种，通常聚集在额头、外耳、背部、肛门和生殖器四周等。皮脂在产生后向上移动至毛囊皮脂腺导管中，并通过它排到皮肤表面。皮脂腺的分布密度在身体各部位有所不同，以头皮、面部，特别是眉间、鼻翼和前额部最多，每平方厘米平均有 400 ~ 900 个腺体，而躯干部、中央部位及腋窝也较多，每平方厘米平均为 100 ~ 150 个腺体，因而常将头皮、颜面、胸、背及腋窝等处称为皮脂溢出部位。皮脂腺分泌和排泄的产物称为皮脂，它是一种混合物，其中包含多种脂类物质，主要有饱和的及不饱和的游离脂肪酸、甘油酯类、蜡类、固醇类、角鲨烯及液状石蜡等皮脂排泄到皮肤表面，一部分附着在毛发上，起润泽毛发的作用；另外大部分则与汗腺及角质层排出的水分及多种物质共同形成一种覆盖于体表的乳化脂质膜，又称皮表脂质膜，其作用是润滑皮肤、保持水分，防止皮肤干燥、皲裂。影响皮肤油分的因素主要有：内分泌异常（如性激素、肾上腺皮质激素、脑下垂体激素等分泌减少）、饮食与生活习惯、精神刺激因素、接触化学物质、环境污染等外界因素以及其他因素等。洗澡太勤及水温过高、应用碱性过强的肥皂、穿化纤或粗硬内衣等常是皮肤油分缺乏的诱因。诸多因素导致皮脂腺萎缩，分泌功能减退，从而皮表油脂乳化物减少。皮肤油分缺乏，皮脂过少，主要表现为皮肤干燥，水分丢失，提早出现皱纹与衰老等。因此，皮肤正常分泌皮脂、保持恰当的油分对皮肤美容具有重要作用。

所谓改善皮肤油分功能，就是调节皮脂腺分泌皮脂，维持皮肤润泽。具有改善皮肤油分功能的保健食品，适宜于皮肤油分缺乏的人群。

（四）中医学对皮肤油分缺乏机制的认识

皮肤油分缺乏属中医的"痒风"、"干燥症"等范畴。中医认为本病由先天禀赋不足、津亏血虚，或后天调养不当，外感热邪，或汗出过多、伤津化燥，或久病伤阴化热，血虚肝旺，生风化燥，肌肤失养，也可由于津血内亏，或误用汗下药，伤津亡液，或营养障碍，或瘀血内阻等原因引起，以致津血不能滋润皮肤，而干燥粗糙，干枯不荣。其病机主要与血虚风燥、津亏不荣、风热外袭等关系密切。因此，针对皮肤油分缺乏之具体病机，养血祛风润燥、清热止痒，常能有效改善皮肤油分。

（五）皮肤油分缺乏的常见中医证型、表现及调养原则

1. 血虚风燥型 可见皮肤干燥，粗糙，细裂纹，脱屑，自觉瘙痒，毛发干燥无泽易脱落，伴心悸气短，头晕乏力，面色不华，四肢酸懒，大便干结，口干舌燥，舌红少苔，脉细数等。调养原则：养血祛风、润燥止痒。可选择以具有养血祛风功能和具有润燥止痒功能的原料为主的有改善皮肤油分功能的保健食品。

2. 风热外袭型 可见皮肤瘙痒发红，受热痒甚，得凉痒减，时有抓痕，皮肤干燥，轻度脱屑，伴咽干口渴，身热心绪不宁，舌质红或边尖红，苔薄黄，脉浮数等。调养原则：祛风清热、润燥止痒。可选择以具有祛风清热功能和具有润燥止痒功能原料为主的具有改善皮肤油分功能的保健食品。

（六）改善皮肤油分的常用原料

1. 常用的具有养血润肤功能的原料 当归、何首乌、生地黄、天门冬、麦门冬、白芍、黄精、川芎、龙眼肉等。据文献报道：麦冬含异黄酮，异黄酮的分子结构与哺乳动物雌激素结构相似，具有弱雌激素样作用，被称为植物雌激素，而植物雌激素能滋润皮肤。

2. 常用的具有清热祛风止痒功能的原料 薄荷、知母、牡丹皮、槐花等。

二十四、调节肠道菌群

人的胃肠道细菌大约有 10^{14} 个，包括需氧菌、兼性厌氧菌和厌氧菌，形成一个极其复杂的微生态系统，对人类健康有重要作用。肠道细菌可分为有益菌和有害菌两大类。在健康条件下，有益菌占优势，它能抑制肠内有害菌的增殖，净化肠内环境，还具有营养、促进免疫、抗肿瘤等多种生理功能。当机体受到疾病、创伤等不良因素刺激，就会发生肠道菌群失调，表现为腹泻、腹胀、腹痛、腹部不适，并产生水、电解质紊乱。

（一）肠道菌群失调的表现

肠道菌群失调除了原发病的各种症状外，主要表现为腹泻、腹胀、腹痛、腹部不适，少数伴发热、恶心、呕吐，并产生水、电解质紊乱、低蛋白血症，重症患者可出现休克症状。腹泻为肠道菌群失调的主要症状，大多发生在抗生素使用过程中，少数见于停用后。轻者每天 2～3 次稀便，短期内可转为正常；重者多为水样泻或带黏液，可达每日数十次，且持续时间较长。肠道菌群失调有时还会引起便秘。

（二）肠道菌群失调的发生情况及危害

正常情况下，肠道菌群在体内与外部环境保持着动态平衡，并对人体的健康起着重要作用。如果这种平衡在某些情况下被打破，便形成肠道菌群失调（intestinal dysbacteriosis，ID），其表现为肠道菌群在种类、数量、比例、定位和生物学特性上的改变。引起肠道菌群失调的原因和疾病很多，常互为因果。主要表现是腹泻、便秘、腹胀、腹痛、消化不良等。肠道菌群失调对许多疾病的发生、发展和转归有重要影响。

（三）现代医学对肠道菌群失调的认识

肠道细菌可分为常住菌（正常菌群）和过路菌。常住菌有类杆菌、乳杆菌、大肠杆菌和肠球菌等。过路菌有金黄色葡萄球菌、绿脓杆菌、副大肠杆菌、产气杆菌、变形杆菌、产气荚膜杆菌、白色念珠菌等。常住菌是使过路菌不能定植的一个因素。

根据肠道菌群在宿主体内的生化反应及对宿主的作用效果，可分为有益菌和有害菌两大类。有益菌的代表有双歧杆菌、乳杆菌等。有益菌能抑制肠内有害菌的增殖，净化肠内环境，还有一些有益菌的菌体成分能够刺激机体的免疫功能。它们参与维生素及蛋白质的合成，并被人体利用，与食物的消化吸收有关，具有生理拮抗及免疫等生理作用，所以有保持宿主健康的作用。特别是其所具有的抗感染、增加免疫力、抗肿瘤、促进营养、提高宿主对放射线的耐受性、控制内毒素血症及增强人的耐力和应激能力等作用，对维持人的健康具有非常重要的作用。

肠道菌群失调与下述因素有关：①原发于肠道的疾病：如肠道的急慢性感染、炎症性肠病、小肠细菌过度生长综合征等。②全身性疾病：如感染性疾病、恶性肿瘤、代谢综合征、结缔组织病、肝肾功能受损等慢性消耗性疾病。③其他：如抗生素应用不合理，化学治疗、放射治疗后，各种创伤、多脏器功能衰竭、胃肠道改道手术后，营养不良、免疫功能低下等。这些因素均可导致肠道正常菌群在质和量上的改变，从而引起肠道菌群失调。

因此，对于肠道菌群失调，要积极治疗原发病，纠正可能的诱发因素，避免滥用抗生素，以保护肠道正常菌群；同时，调整机体的免疫功能和营养不良状态，并合理应用微生态制剂。

微生态制剂亦称微生态调节剂，是根据微生态学原理，通过调节微生态失调，保持微生态平衡，提高宿主的健康水平，利用对宿主有益的正常微生物或促进物质所制成的制剂。目前，国际上将其分成三个类型，即益生菌（probiotics）、益生元（prebiotics）和合生素（synbiotics）。

1. 益生菌 是指通过改善宿主肠道菌群生态平衡而发挥有益作用，达到提高宿主（人）健康水平和健康状态的活菌制剂及其代谢产物。近年来，国内外研制出多种益生菌活菌制剂，基本原理是用人或动物正常生理菌群的成员，经过选种和人工繁殖，通过各种途径和剂型制成活菌制剂及其代谢产物，然后再以投入方式使其回到原来环境，发挥自然的生理作用。目前应用于人体的益生菌有双歧杆菌、乳杆菌、酪酸梭菌、地衣芽孢杆菌等。

2. 益生元 是指能选择性地促进宿主肠道内原有的一种或几种有益细菌生长繁殖的物质，通过有益菌的繁殖增多，抑制有害细菌生长，从而达到调整肠道菌群，促进机体健康的目的。最早发现的这类物质是双歧因子（bifidus factor），如寡糖类物质或称低聚糖。常见的有乳果糖、蔗糖低聚糖、棉子低聚糖、异麦芽低聚糖、玉米低聚糖和大豆低聚糖等。这些糖类既不被人体消化和吸收，亦不被肠道菌群分解和利用，只能为肠道有益菌群如双歧杆菌、乳杆菌等利用，从而达到调整肠道正常菌群的目的。

3. 合生素 是指益生菌和益生元同时并存的制剂。服用后到达肠腔，可使进入的益生菌在益生元的作用下，再行繁殖增多，使之更好地发挥益生菌的作用，合生素是很有开发前途的生态制剂。

（四）中医学对肠道菌群失调机制的认识

中医学与微生态学在人体健康与发病的观点上具有相似之处。中医学源于古代宏观生态观天人合一，认为阴平阳秘，精神乃治，阴阳离决，精气乃绝。微生态学起源于现代宏观生态观（生物与环境的统一），提出微生态平衡则人体健康，体内微生态平衡失调则会引发多种疾病。

中医学非常重视机体本身的统一性、完整性及其与自然界的相互关系，认为机体是一个有机的整体，各个组成部分之间在生理和病理上是相互影响的，而且机体与外界环境也是密不可分的，外界环境的变化也随时影响着人体。中医学认为阴阳失调就会发生疾病，《素问·阴阳印象大论》曰："阴胜则阳病，阳胜则阴病"。把机体适应外界环境变化的防御疾病的能力和康复能力称为正气，把致病因素称为邪气，"正气存内，邪不可干"。机体若正气虚弱，抗病能力下降，邪气必然乘虚而入，引发疾病。因此，疾病发生与否取决于阴阳失调，正邪抗争的过程。所以治病的基本理论是调整阴阳，扶正祛邪。现代微生态学与传统的中医学在理论上有不言而喻的相似性，二者强调的都是机体自我稳定的生态平衡，而事实上，致病因素是永远消灭不了的，机体也只有在内外环境相统一的情况下才能正常的存在。

含有多糖成分的补益类植物原料，可明显促进有益菌的生长，这些多糖成分不仅能起到双歧因子的作用，促进双歧杆菌的生长，还能影响糖代谢，改善机体对糖的利用。能促进双歧杆菌及乳杆菌生长的方剂有：理中汤、补中益气汤、四君子汤、五味消毒饮、桂术甘汤、健脾渗湿汤、调味承气汤、茵陈合剂、肠复康煎剂、补肺健脾颗粒、参苓白术散、四神丸等。

（五）具有调节肠道菌群功效的保健食品

具有调节肠道菌群功效的保健食品包括益生菌类及益生元类，所选用的原料必须安全可靠。国家食品药品监督管理总局对益生菌有严格的要求，要求益生菌菌种必须是人体正常菌群的成员，可利用其活菌、死菌及其代谢产物。菌种的生物学、遗传学、功效学特性明确和稳定，菌种及其代谢产物必须无毒无害，经过基因修饰的菌种不得用于保健食品。可用于保健食品的益生菌菌种有：两歧双歧杆菌、婴儿双歧杆菌、长双歧杆菌、短双歧杆菌、青春双歧杆菌、德氏乳杆菌保加利亚种、嗜酸乳杆菌、干酪乳杆菌干酪亚种、嗜热链球菌、罗伊氏乳杆菌。

此外，还有以上述乳果糖、低聚糖等制成的保健食品。

二十五、促进消化

消化不良分为儿童型与成人型，儿童型主要与儿童胃肠道发育不成熟及喂养不当有关，表现为食欲低下，食量减少，厌食、偏食等。成人型又称为功能性消化不良，病因及发病机制尚不十分清楚，表现为餐后饱胀不适、上腹痛伴有烧灼感等症状。

（一）消化不良的常见表现

儿童消化不良的症状有：①食欲低下。②食量减少。③体重低于同龄平均正常体重值。④偏食。

功能性消化不良的典型症状如下：①餐后饱胀不适。②早饱。③上腹痛。④上腹烧灼感。

（二）消化不良的发生情况及危害

儿童消化不良，食欲低下、食量减少、厌食、偏食，长时间者可使小儿摄取营养物质不足，不能满足迅速生长发育的需要，引起儿童生长发育缓慢，造成其免疫功能下降，容易生病和感染，对环境的抵抗力下降而易罹患多种疾病，严重者可造成体质和智能障碍。

成人功能性消化不良是临床上最常见的功能性胃肠道疾病，我国调查显示，本病发病率为20%～30%，约占消化道门诊病人的30%～40%。患者常有诸多症状，多次接受检查，但无结构或器质性病变，或可解释症状的依据。

（三）现代医学对消化不良的认识

现代医学认为，儿童消化功能紊乱有内外两种因素，内因主要是体质因素：因为小儿胃肠道发育不够成熟，酶的活性较低，但营养物质特别是蛋白质和水以及能量的需求量比成人相对较高，胃肠道负担较重。外因主要有饮食因素和气候因素，小儿喂养不当，如喂食过多或过食糖、脂肪及蛋白质类食物，可以引起消化功能紊乱；气候突然变化，如天气过热导致消化液分泌减少，使消化吸收能力减弱，易发生消化功能紊乱而导致食欲低下，食量减少，甚至厌食、偏食。常用治疗方法有补充维生素（如 B 族维生素）和微量元素（如锌、硒等）；服用促进消化吸收的药物，如帮助蛋白质消化吸收的胃蛋白酶片、胰酶片，帮助淀粉消化吸收的含淀粉酶的多酶片、胖得生等药物；调节肠道菌群的药物如乳酶生及含有双歧杆菌等益生菌的药物。

成人消化不良主要是功能性消化不良。功能性消化不良是指餐后饱胀不适、早饱、上腹痛伴有烧灼感等症状，源于胃十二指肠区域，并排除可引起上述症状的器质性、系统性和代谢性疾病。功能性消化不良的病因目前尚未完全阐明，现代医学认为主要与内脏敏感性增高、胃肠道动力障碍、胃酸分泌的改变、幽门螺杆菌感染、遗传易感性、精神因素和应激因素、脑－肠轴与胃肠激素等因素有关。由于发病机制尚不十分清楚，症状亦较复杂，因此，目前对于功能性消化不良的药物治疗还没有公认的疗效确切的方案，主要是对症处理：建立良好的生活习惯，调整饮食结构，避免烟、酒及服用非甾体抗炎药，特别要消除精神紧张、情绪不良等，避免个人生活经历中会诱发症状的食物，少食多餐，减少食物中的脂肪含量。

具有促进消化功能的保健食品根据受试样品适应人群的区别，建立了儿童和成人两套试食试验方案。儿童方案适宜于由于单纯饮食不佳造成的体重低于同龄平均正常体重，伴有食欲低下、食量减少、偏食等消化不良表现的儿童。成人方案适宜于功能性消化不良人群。所谓促进消化，对于儿童来说就是改善儿童的消化功能，增进食欲，改善偏食的习惯，增进进食量，改善营养不良状态，以促进儿童的正常生长；对于成人来说，就是促进功能性消化不良人群胃肠运动，改善及消除餐后饱胀不适、早饱、上腹痛、上腹烧灼感等功能性消化不良症状。

（四）中医学对消化不良机制的认识

儿童消化不良属于祖国医学"厌食"、"疳积"等范畴。中医学认为儿童消化不良主要由饮食失节，喂养不当致脾失健运所致。小儿时期，脾常不足，其食欲不能自调，饮食不知饥饱，过食肥甘厚味之品，或任儿所好，过食冷饮，贪吃零食，超出了小儿正常需求量及生理承受量，日久则损伤脾胃，正如《素问·痹论》所云："饮食自倍，肠胃乃伤。"脾胃乃后天之本，气血生化之源，脾胃受伤，生化乏源，则气血亏虚，脏腑筋肉失于濡养，故面色少华，形体瘦弱，体重减轻，直接影响儿童的生长发育。

中医中虽无"功能性消化不良"之说，但类似本病临床表现的描述却可见于历代关于"痞满"、"胃脘痛""嘈杂"、"吐酸"等病症的文献中。早在《内经》中就已经记载了"痞满"、"胃脘痛"、"吐酸"以及"呕吐"的病名。中医学认为，脾胃为后天之本，气血生化之源，脾升胃降，气血调畅，气机不息。若情志不舒、肝郁气滞、饮食不节、脾胃虚弱、外邪内侵等使脾失健运，胃失和降，中焦气机阻滞，脾胃升降失常，胃肠运动功能紊乱，导致上腹痛、腹胀、早饱等症状，病位在胃，涉及肝脾两脏，中焦气机失常是功能性消化不良发病的中心环节。

（五）消化不良的常见中医证型、表现及调养原则

1. 儿童消化不良的常见中医证型、表现及调养原则

（1）脾失健运型：不思纳食，饮食无味，形体虽瘦，精神尚可，舌苔较厚。调养原则：运脾开胃。宜选用含炒山楂、炒麦芽、鸡内金、莱菔子、橘皮等具有运脾开胃作用的保健食品。

（2）胃阴不足型：纳呆，心烦口渴，大便干燥，舌红少苔或花剥，脉细数。调养原则：养胃益阴。宜选用含沙参、麦冬、玉竹、石斛、乌梅、白芍等具有养胃益阴作用的保健食品。

（3）脾胃气虚型：不思饮食，精神较差，面色萎黄，懒言少动，舌淡苔薄白，脉细弱。调养原则：健脾益气。宜选用含党参、白术、茯苓、甘草等具有健脾益气作用的保健食品。

（4）脾胃虚寒型：不思饮食，神疲乏力，面色㿠白，畏寒肢冷，大便溏薄，舌淡苔白，脉沉迟。调养原则：温中健脾。宜选用含干姜、豆蔻、党参、白术等具有温中健脾作用的保健食品。

（5）脾虚湿困型：食欲不振，身重乏力，大便溏薄，面色萎黄，舌苔厚腻，脉濡。调养原则：健脾化湿。宜选用含苍术、白术、薏苡仁、砂仁、厚朴、橘皮、扁豆、藿香等具有健脾化湿作用的保健食品。

（6）肝郁乘脾型：不思饮食，精神不快，闷闷不欲言语，舌淡苔薄白，脉弦。调养原则：疏肝健脾。宜选用含香附、香橼、佛手、代代花、玫瑰花、枳壳等具有疏肝健脾作用的保健食品。

2. 成人功能性消化不良的常见中医证型、表现及调养原则

（1）肝郁气滞型：胃饱胀痛，胸胁痞满，脘腹或胸胁窜痛，嗳气呃逆，自觉咽中有物，不思饮食，喜太息，烦躁易怒，气怒怔忡，舌边尖红，脉沉弦。调养原则：疏肝解郁、理气导滞。宜选用含香附、青皮、川芎、佛手、香橼、玫瑰花、枳实、枳壳等具有疏肝解郁、理气导滞作用的保健食品。

（2）肝郁脾虚型：胃脘胀痛或不适，纳少便溏，脘腹胀痛，烦躁易怒，失眠多梦，嗳气反酸，食后腹胀，神疲乏力，便溏不爽，舌胖大，脉弦细。调养原则：疏肝解郁，健脾理气。宜选用含香附、青皮、川芎、佛手、香橼、玫瑰花、党参、黄芪、白术、茯苓等具有疏肝解郁，健脾理气作用的保健食品。

（3）脾虚痰湿型：胃脘痞满，舌苔白腻，餐后早饱，食后腹胀，呃逆嗳气，大便溏黏，疲乏无力，痰涎量多，脉象细滑。调养原则：健脾助运，祛湿化痰。宜选用含党参、黄芪、白术、茯苓、橘皮、扁豆、苍术、豆蔻、砂仁、厚朴、荷叶等健脾助运，祛湿化痰作用的保健食品。

（4）饮食积滞型：胃脘痞满，嗳腐酸臭，厌恶饮食，胃胀拒按，恶心呕吐，吐后症减，矢气臭秽，舌苔垢腻，脉弦滑。调养原则：消积导滞，和胃降逆。宜选用含炒山楂、炒麦芽、鸡内金、莱菔子、陈皮、木香、枳实、厚朴、枳壳等消积导滞，和胃降逆作用的保健食品。

（5）寒热错杂型：胃痞畏寒，胃中灼热，畏寒肢冷，嘈杂反酸，口干口苦，心烦燥热，肠鸣便溏，遇冷症重，舌淡苔黄，脉沉细数。调养原则：寒热并用，和中消痞。选用含干姜、蒲公英、党参、枳壳等中药的保健食品。

（六）促进消化的常用原料

1. 具有疏肝行气、促胃肠动力功能的常用原料　枳实、枳壳、木香、青皮、橘皮、香橼、佛手、玫瑰花等。动物研究证实，枳实煎剂可使胃肠平滑肌收缩节律增强。木香能促进胃排空，不同剂量的木香煎剂对胃排空及肠推进均有促进作用，并呈剂量依赖关系。

2. 具有温中暖胃、促胃肠动力功能的常用原料　小茴香、肉豆蔻、丁香、花椒等。研究证实小茴香油能缩短胃排空时间，增强肠的收缩作用及促进肠的蠕动。花椒对胃肠平滑肌具有低浓度兴奋，高浓度抑制的双向作用；而对处于某些异常状态的肠平滑肌活动，还可以使之恢复正常。

3. 具有消食导滞、促胃肠动力功能的常用原料　山楂、麦芽、鸡内金、莱菔子等。研究证实山楂富含维生素 C、维生素 B、胡萝卜素及多种有机酸，口服能增加胃中消化酶的分泌，所含蛋白酶、脂肪酸，可促进肉食分解消化；山楂对胃肠道运动功能具有一定调节作用。山楂可单味应用，亦可与麦芽、莱菔子等配伍，加强消食化积之功。莱菔子提取物具有明显的促进消化作用。

4. 具有补气健脾、促胃肠动力功能的常用原料　黄芪、白术、黄精等。研究证实黄芪有明显促进肠推进作用。白术水煎剂可增强结肠收缩，有较佳的促胃肠动力作用。

5. 具有芳香化湿、促胃肠动力功能的常用原料 厚朴、砂仁、苍术、佩兰等。研究证实低浓度砂仁水提液有较强的促胃肠动力的作用，而随着浓度升高，其促胃肠运动作用逐渐减弱。厚朴可升高胃底平滑肌张力，加速胃蠕动。

二十六、通便

便秘是指大便秘结不通，排便周期延长，或欲大便而艰涩不畅的一种临床症状。便秘按有无器质性病变可分为器质性或功能性便秘。我们这里所指主要为功能性便秘，它是一种具有持续性排便困难，排便次数减少或排便不尽感的功能性肠病。便秘的发生与精神因素、不良的饮食、生活习惯有关，好发于中老年人及办公室的白领阶层。

（一）便秘的常见表现

便秘的主要症状表现为便意少、排便次数减少或排便间隔时间延长，排便困难、费力或排便不尽感，粪便干结、坚硬，或肛门有下坠感等，但结肠直肠检查无器质性病变。长期的便秘，会因体内产生的有害物质不能及时排出，废物和有害物质容易被身体再次吸收入血而引起腹胀、食欲减退、口内有异味、易怒等自体中毒症状，影响营养物质的摄入使身体发胖、皮肤老化等；也可引起痔疮、肛裂、便血等病症。

（二）便秘的发生情况及危害

便秘已成为影响人们生活质量的重要因素之一。流行病学调查显示，在美国、英国和加拿大有10%～15%人口受到便秘困扰，亚洲地区也有14%居民确诊便秘，其中多为老年和女性患者。在我国60岁以上老年人群便秘患病率为11.6%。北京、天津和西安地区对60岁以上老年人的调查显示慢性便秘比例高达15%～20%。随着人们饮食结构、生活习惯的改变以及社会心理因素的影响，其发病率逐年上升，并成为胃肠功能紊乱、肠癌等疾病的危险因素。

长期的便秘会给患者带来巨大的痛苦，加重患者的思想负担，增添焦虑紧张情绪，并对人体内环境、内分泌系统均有一定的影响。便秘的并发症主要是粪便嵌塞，会因此引起肠梗阻、结肠溃疡、痔等病症。便秘常会导致老年人心脑血管疾病的发生，应引起高度重视。如果年龄较大，患有心脑血管疾病，便秘可能是一个致命的危险因素。患有心脑血管疾病的病人，如高血压病人便秘时，因排便用力过猛，会使心跳加快，心脏收缩加强，心搏出量增加，血压会突然升高而导致血管破裂或堵塞，发生脑出血或脑栓塞。冠心病患者便秘时，由于排便费力，排便时间过长，用力过猛，使心跳加快，心肌耗氧量增加，则易引起"排便性心绞痛"，甚至发生心律失常、心肌梗死、心脏室壁瘤破裂等并发症。据观察，经常发生便秘的中、老年人，结肠癌的发生率要高 2 倍。由此可见，便秘所造成的危害广泛而严重。因此，对便秘的防治必须给予足够的重视。

（三）现代医学对便秘的认识

根据病因与发病机制，便秘分为慢性传输型便秘、出口梗阻型便秘和混合型便秘。慢性传输型便秘的发生与肠神经递质、胃肠激素、平滑肌功能障碍等有关；出口梗阻型便秘与盆底功能障碍有关，常伴直肠前突、直肠黏膜脱垂、套叠以及会阴下降等局部结构的改变，致使出口梗阻。

便秘与精神因素、缺少运动以及不良的饮食习惯有关。

（1）进食过少或饮食过于精细，纤维素含量不足，对结肠运动的刺激减少。

（2）由于生活规律、周围环境的改变和情绪变化等因素，使排便习惯受到干扰。

（3）长期卧床，活动减少，肠蠕动减慢。

（4）慢性消耗、营养不良或衰老体弱等导致肌肉萎缩或肌力减退而使排便困难。

（5）进入老年期后，随着年龄的增长，人的肠道发生退行性变化，肠管肌肉逐渐萎缩，胃的张力减弱，胃肠蠕动功能低下，消化吸收功能障碍，肠道黏液分泌减少，排便时腹肌无力，不能用力将肠道中的粪便排出体外。

（6）一些疾病，如脏器下垂、肛裂、肛瘘、痔疮、直肠癌、腹部肿瘤等，也影响大便的排出。

（7）滥用泻药，依赖药物排便而形成恶性循环，导致肠蠕动无力和肠道干燥等。

对于便秘，首先要注意从生活细节着手调理：注意保证充足的水分摄入；多进食白菜、芹菜、木耳、韭菜、胡萝卜、香蕉、桃、红薯、土豆、玉米、燕麦等富含果胶和纤维素的食品，纤维素有亲水性，能吸收水分，使食物残渣膨胀增加粪便量刺激肠蠕动，利于激发便意和排便反射；禁食辛辣、煎炸食物；多食新鲜水果以生津润肠；可适当地进行腹肌锻炼，以利于肠蠕动，或进行通便的腹部按摩，适当运动，避免久坐、久卧；建立良好的排便习惯。

具有通便功能的保健食品，适宜于便秘人群，能使大便排泄通畅，消除便秘产生的不适症状，有助于恢复消化道的功能，预防意外事件的发生。

（四）中医学对便秘机制的认识

"便秘"一词，首见于清代沈金鳌《杂病源流犀烛》一书，但早在《黄帝内经》即有"大便难"、"后不利"之称。本病多由饮食不节、情志失调、年老体虚、病后、产后、药物等因素所致。如平素喜食辛辣厚味，煎炒酒食者，以致胃肠积热，或热病之后，余热留恋，津液耗伤，导致肠道失润，大便干结，难以排出；或忧思多虑、脾伤气结，或抑郁恼怒、肝郁气滞，或久坐少动、气机不利，均可导致腑气郁滞，通降失常，传导失司，糟粕内停，不得通降；素体虚弱、劳倦内伤，或病后、产后及年老体虚之人，气虚则大肠传送无力，血虚则津枯不能滋润大肠，久则气血阴阳俱亏，大便艰涩。其病位在大肠，与肺、脾、肾、肝相关。基本病机分为虚实两端。明·李中梓《医宗必读·大便不通》："分而言之，则有胃实、胃虚、热秘、冷秘、风秘、气秘之分。"因此，根据中医理论，畅行气机，清泻热邪，或补气增强推动作用，或补血养阴加强对肠道的濡养，可起到通便的作用。

（五）便秘的常见中医证型、表现及调理原则

1. 实热便秘型　大便干结，数日不解，小便色黄，面红心烦，或兼有身热、口渴，口干口臭，腹胀或腹痛，失眠，舌红苔黄或黄糙，脉滑数。调理原则：泻热通便。可选择以具有清热泻火通便、行气消胀、润肠通便功能的原料为主的保健食品。

2. 气滞便秘型　大便秘结，或不甚干结，欲便不得，排便不爽，肠鸣，嗳气频作，胁腹痞满，甚则腹胀腹痛，矢气频频，烦躁易怒或郁郁寡欢，胃口不佳，舌苔薄腻，脉弦。调理原则：行气通便。可选择以具有行气消胀、润肠通便、补血润肠、养阴生津润肠等功能的原料为主的保健食品。

3. 气虚便秘型　大便并非干结或大便细软，肛门有下坠感或便意感，虽有便意，但临厕努挣不下，难于排出，乏力，挣则汗出气短，便后疲乏，面色没有光泽，肢体倦怠，懒言短气，舌淡苔薄或舌边有齿痕，脉细弱。调理原则：益气通便。可选择以具有补气、润肠通便等功能的原料为主的保健食品。

4. 血虚便秘型　大便干结，面色萎黄没有光泽，头晕目眩，心悸，动则心慌，健忘，失眠多梦，唇色、指甲颜色苍白，舌淡苔白，脉细。调理原则：养血润肠通便。可选择以具有补血润肠、养阴生津润肠、润肠通便等功能的原料为主的保健食品。

5. 阴虚便秘型　大便长期秘结干燥，便如羊粪，排出困难，常有久病、大汗、产后或热病病史；形体消瘦，口干咽燥，眩晕耳鸣，睡眠较差，心烦，时有心悸，或两颧红赤，舌红少苔，脉细数。调理原则：养阴生津，润肠通便。可选择以具有养阴生津润肠、补血润肠、润肠通便等功能的原料为主的保健食品。

（六）用于通便的常用原料

1. 常用的具有清热泻火通便功能的原料　番泻叶、熟大黄、决明子、芦荟、槐实、牛蒡子、栀子、蒲公英等。番泻叶、熟大黄、芦荟等含有蒽醌衍生物，通过刺激结肠黏膜、肌间神经丛、平滑肌而增进肠蠕动和黏液分泌，从而促进排便。

2. 常用的具有润肠通便功能的原料　火麻仁、柏子仁、蜂蜜、杏仁、桃仁、紫苏子、黑芝麻、生何首乌等。据报道，蜂蜜高渗，加上空腹凉水刺激肠道蠕动增加，同时每日大量饮水软化大便，可明显解决便秘。有报道使用杏仁、桃仁、麻子仁、郁李仁、瓜蒌仁、当归、肉苁蓉、怀牛膝、青皮、陈皮、莱菔子等配伍组成的五仁通便汤治疗便秘100例，治愈69例，好转31例。用桃仁、杏仁去皮煎汤口服，治疗便秘，疗效确切。

3. 常用的具有行气消胀功能的原料　莱菔子、厚朴、厚朴花、枳壳、枳实、青皮、橘皮、香附等。研究表明，莱菔子油、莱菔子水提浸膏均有通便作用。

4. 常用的具有补气功能的原料　黄芪、太子参、白术、西洋参、山药等。研究表明，黄芪有增强小肠（主要是空肠）运动和平滑肌紧张度的效应。据报道，根据白术有促进肠胃分泌和促进肠蠕动的作用，有人应用白术水煎液治疗结肠慢传输型便秘36例，结果痊愈6例，显效15例，好转6例，无效9例。观察还发现，服用白术水煎液后便质变软，但不会产生腹痛、水泻等刺激性泻剂的不良反应，而且排便间隔时间、排便费力程度等均有较大改善，同时可减轻腹胀，增强便意感。

5. 常用的具有补血润肠功能的原料　当归、白芍等。有报道，用芍药甘草汤（生白芍、生甘草、莱菔子）治疗老年性功能性便秘84 例，总有效率达到 92.8%；对便秘、少腹胀急、神倦乏力、胃纳减退等伴随症状具有明显的临床疗效，且停药半年至 1 年后的复发率较低。

6. 常用的具有养阴生津润肠功能的原料　玄参、生地黄、知母、麦门冬、天门冬、玉竹、北沙参、女贞子等。研究表明，女贞子含有的右旋甘露糖醇可使大肠内渗透压增高，保持充足的水分及有缓泻的作用，治疗便秘 50 例，治愈率达 76%。

二十七、对胃黏膜损伤有辅助保护功能

所谓保护胃黏膜，就是减轻各种致病因素对胃黏膜的损伤，并促进已经损伤的胃黏膜恢复正常的组织结构。具备保护胃黏膜功能的保健食品主要适用于轻度胃黏膜损伤人群。

（一）胃黏膜损伤人群的常见表现

胃黏膜损伤主要表现为上腹部疼痛、胃灼热（烧心）、反酸、食欲减退、胃胀、嗳气、恶心。

（二）胃黏膜损伤的发生情况及危害

慢性浅表性胃炎所导致胃黏膜损伤的发生率极高，在各种胃病中居于首位，男性多于女性。且有随年龄增长而逐渐升高的趋势。虽然慢性浅表性胃炎绝大多数预后良好，但少部分患者随着病变的发展可发生萎缩性胃炎，出现胃黏膜肠上皮化生与异型增生，严重的病变甚至可发展为胃癌。由于本病初期常未引起重视，未经正规治疗，导致疾病迁延不愈，在对病人的生理健康产生影响的同时，还给病人带来一定的精神负担。

（三）现代医学对胃黏膜损伤的认识

胃黏膜损伤常表现为上腹部疼痛、胃灼热、反酸、食欲减退、胃

胀、嗳气、恶心等症状。胃镜下常表现为黏膜粗糙不平，点状、片状或条状红斑，或伴有出血点。酗酒、吸烟、胆汁反流、饮食环境因素以及幽门螺杆菌等为常见诱发因素。

（四）中医学对胃黏膜损伤的认识

胃黏膜损伤属中医学的胃痛、痞满、吐酸、呃逆、嘈杂等范畴。为了便于更好地指导临床和科研，中华中医药学会脾胃病分会将慢性浅表性胃炎分为以下两类：以餐后饱胀不适为主症者，属于中医痞满的范畴，命名为胃痞；以上腹痛为主症者，属于中医胃痛范畴，命名为胃痛。饮食不节、烈酒、辛辣之品等损伤脾胃，运化失职，湿浊内生，阻滞气机，或郁久化热伤胃，胃失和降致痞满、胃痛、呕吐等症；恼怒伤肝，肝木横逆，胃气受扰，或忧思伤脾，脾失健运，胃失和降，乃作胃痞、胃痛；饮食不洁，邪从口入，侵犯脾胃，运化失职，纳降受碍，气机不畅，胃失和降致痞满、疼痛、呕吐等症；脾胃禀赋不足，或长期饮食不节，或年高体衰，脾胃虚弱，运化失司，无以运转气机、水湿，致气滞、湿阻、血瘀，胃失和降，故作痞满、疼痛。该病病位在胃，与肝、脾两脏关系密切。

（五）胃黏膜损伤的常见中医证型、表现及调养原则

1. 脾胃气虚型　胃脘胀满或胃痛隐隐，餐后明显，饮食不慎后易加重或发作，纳呆，疲倦乏力，少气懒言，四肢不温，大便溏薄，舌淡或有齿印，苔薄白，脉沉弱。调养原则：益气健脾，和胃除痞。适合选用含人参、党参、黄芪、炒白术、山药、沙棘、茯苓、炙甘草等具益气健脾作用的保健食品。

2. 脾胃虚寒型　胃痛隐隐，绵绵不休，喜温喜按，劳累或受凉后发作或加重，泛吐清水，神疲纳呆，四肢倦怠，手足不温，大便溏薄，舌淡苔白，脉虚弱。调养原则：温中健脾，和胃止痛。宜选用含干姜、高良姜、肉豆蔻、黄芪、党参、白术、茯苓等具温中健脾作用的保健食品。

3. 肝胃不和型　胃脘胀痛，痞塞不舒，情绪不遂时易加重或复发，两胁胀满，纳少泛恶，心烦易怒，善叹息，舌淡红，苔薄白，脉弦。调养原则：疏肝和胃，理气止痛。宜选用含柴胡、香附、玫瑰花、佛手、香橼、陈皮、枳实、枳壳等具疏肝行气作用的保健食品。

4. 脾胃湿热型　脘腹痞满，食少纳呆，口干口苦，身重困倦，小便短黄，恶心欲呕，舌质红，苔黄腻，脉滑或数。调养原则：清热除湿、理气和中。宜选用含竹茹、泽泻、薏苡仁等具清热除湿作用的保健食品。

5. 胃阴不足型　胃脘灼热疼痛，胃中嘈杂，似饥而不欲食，口干舌燥，大便干结，舌红少津或有裂纹，苔少或无，脉细或数。调养原则：养阴益胃，和中止痛。宜选用含沙参、生地、麦门冬、白芍、石斛、百合等具养阴益胃作用的保健食品。

（六）保护胃黏膜的常用原料

1. 具有补气健脾功能的保护胃黏膜的常用原料　西洋参、黄芪、沙棘、刺五加、白术、灵芝、茯苓、甘草、蜂蜜等。研究证明沙棘油富含维生素、胡萝卜素、类胡萝卜素、谷甾醇、不饱和脂肪酸等，通过抑制胃蛋白酶的活性和降低游离酸，可促进机体新陈代谢，有利于损伤的组织恢复及溃疡的愈合。沙棘果肉油对水浸应激性、幽门结扎型胃溃疡有明显的治疗作用，对乙酸型胃溃疡有明显的促进愈合作用。甘草能改善受损上皮细胞的超微结构，增加胃黏膜血流量，增强黏膜自我修复能力，甘草水提物能增加胃黏膜细胞的己糖胺成分，保护胃黏膜使之不受损害，甘草酸铵能保护胃上皮细胞免受过氧化氢损伤及抗氧化应激引起的胃黏膜损伤。

2. 具有滋阴补血功能的保护胃黏膜的常用原料　百合、天门冬、麦门冬、石斛、当归等。研究证明麦冬多糖对乙醇引起的胃黏膜损伤有保护作用，并对乙醇引起的胃黏膜电位差值下降有拮抗作用，其作用机制与抑制胃酸、胃蛋白酶活性，减少攻击因子对胃黏膜损伤有关，麦冬多糖对吲哚美辛（消炎痛）等药物引起的胃黏膜损伤亦有保护作用，其作用机制与增加前列腺素合成有关。

3. 具有活血化瘀功能的保护胃黏膜的常用原料　丹参、川芎、银杏叶、姜黄、红花等。研究证明银杏叶提取物可明显降低血清和胃黏膜中升高的丙二醛含量，抑制冷冻应激和无水乙醇引起的胃黏膜损伤。丹参通过降低胃酸分泌、加强胃黏液屏障、直接增加胃十二指肠黏膜血流量来发挥对胃黏膜的保护作用。

4. 具有疏肝行气功能的保护胃黏膜的常用原料　木香、枳实、枳壳等。研究证明木香超临界提取物对盐酸－乙醇型急性胃溃疡具有显著的抑制作用。

5. 具有温中暖胃功能的保护胃黏膜的常用原料　高良姜、生姜、干姜等。研究证明高良姜总黄酮能够显著改善无水乙醇所致的胃黏膜损伤，提高胃黏膜超氧化物歧化酶活性和降低丙二醛的含量，提高血清中一氧化氮含量，对无水乙醇致胃黏膜损伤具有良好的保护作用。生姜能刺激胃黏膜合成和释放具有细胞保护作用的内源性前列腺素，对盐酸－乙醇造成的胃黏膜损伤有保护作用。

6. 具有芳香化湿功能的保护胃黏膜的常用原料　厚朴、砂仁、苍术、肉豆蔻等。研究证明苍术正丁醇萃取物能增加胃内的前列腺素 E_2 含量，改善溃疡病灶血循环和促进核糖核酸、脱氧核糖核酸及蛋白质的合成，对醋酸型、幽门结扎型、酒精型及消炎痛型胃溃疡均有明显的对抗作用。砂仁挥发油能明显增加胃黏膜氨基己糖和磷脂含量，提高胃溃疡模型溃疡愈合率。

7. 其他　蒲公英、白及等。研究证明蒲公英能明显减轻胃黏膜损伤，使溃疡发生率和溃疡指数明显下降。白及粉对无水乙醇和醋酸所致的胃黏膜损伤均有保护作用。

第二节
营养素补充剂

一、基本概念

营养素补充剂源自原国家食品药品监督管理局 2005 年 5 月 20 日印发的《营养素补充剂申报与审评规定（试行）》。

（一）定义

营养素补充剂是指以补充维生素、矿物质而不以提供能量为目的的产品。其作用是补充膳食供给的不足，预防营养缺乏和降低发生某些慢性退行性疾病的危险性。产品每日推荐摄入的总量应当较小，其主要形式为片剂、胶囊、颗粒剂或口服液。颗粒剂每日食用量不得超过 20g，口服液每日食用量不得超过 30ml。

（二）膳食营养素推荐摄入量

1938 年，中华医学会公共卫生委员会特组织营养委员会制订了"中国人民最低营养需要量"，提出了成人每千克体重需要蛋白质 1.5g，及应注意钙、磷、铁、碘及维生素 A、维生素 B、维生素 C、维生素 D 的摄取以防缺乏。1952 年，中央卫生研究院营养学系编著"营养素需要量表（每天膳食中营养素供给标准）"纳入了钙、铁和五种维生素的需要量。1955 年，中国医学科学院营养系修改了"每日膳食中营养素供给量（RDA）"。随后在 1962 年、1976 年、1981 年、1988 年，四次修订 RDA。2000 年中国营养学会对 RDAs 作了最近一次修订，这次修订对年龄分组、宏量营养素的供能以及某些微量营养素的建议值作了调整和说明。

1. 膳食营养素参考摄入量（dietary reference intakes，DRI）的构成

（1）平均需要量（estimated average requirement，EAR）是根据个体需要量的研究资料制定的，根据某些指标判断可以满足某一特定性别、年龄及生理状况群体中 50% 个体需要量的摄入水平。这一摄入水平不能满足群体中另外 50% 个体对该营养素的需要。

（2）推荐摄入量（reference nutrient intakes，RNI）相当于传统使用的 RDA，是可以满足某一特定性别、年龄及生理状况群体中绝大多数（97%～98%）个体需要量的摄入水平。长期摄入 RNI 水平，可以满足身体对该营养素的需要，保持健康和维持组织中有适当的储备。

（3）适宜摄入量（adequate intakes，AI）在个体需要量的研究资料不足以计算 EAR，因而不能求得 RNI 时，可设定适宜摄入量来代替 RNI。AI 是通过观察或实验获得的健康人群某种营养素的摄入量通常可以达到或超过多数人的需要量，因此 AI 有可能超过 RNI。

（4）可耐受最高摄入量（upper levels，UL）是平均每日摄入营养素的最高量。当摄入量超过 UL 进一步增加时，损害健康的危险性随之增大。UL 并不是一个建议的摄入水平。许多营养素还没有足够的资料来制定其 UL，故没有 UL 并不意味着过多摄入没有潜在的危害。

2. 膳食营养素参考摄入量的应用　制定 DRI 主要目的是为了满足不断发展的应用需要。以往只有 RDA，各种用途如制定人群食物供应计划，评价个体和群体的食物消费资料，确定食品援助计划目标，制定营养教育计划，以及指导食品加工和营养标签等都参考同一套推荐值。这样针对性不强，特别是评估过量摄入的危险性很不理想。DRI 包含多项内容，可以针对个体或群体不同的应用目的提供更科学的参考数据。

在任何情况下，一个人的真正需要量和日常摄入量都只能是一个估计结果，与 RNI 存在不同程度的差距。因此，以 RNI 作为标准，对个体膳食营养素摄入状况的评价都是不精确的。膳食评价是营养状况评价的组成部分。根据膳食状况不足以确定一个人的营养状况，需要把营养素摄入量与相应的 RNI 进行比较的同时，与临床、生化及体格测量资料结合起来才能对一个人的营养状况进行恰当完整的评价。

在实际应用上，观测到一个人摄入量低于 EAR 时，可以认为需要进行改善，因为摄入不足的概率达到 50% 以上；如果摄入量在 EAR 和 RNI 之间，存在营养缺乏的概率在 50% ~ 98% 之间，摄入量愈接近 RNI，营养需要得到满足的概率越高。

某些营养素因为现有资料不足，不能制定 RNI，只能制定一个 AI 值。上述根据 EAR 进行评价的方法不适用于此类营养素，但可以使用一种基于统计学假说的方法，把观测摄入量和 AI 进行比较。如果一个人的日常摄入量等于或大于 AI，基本可以肯定其膳食营养素摄入是充裕的；但是，如果摄入量低于 AI，就不能对其是否适宜进行定量或定性估测（注意：要对这种情况进行评估必须由专业人员根据该个体其他方面的情况加以综合判断）。

UL 是一个对一般人群中绝大多数个体，包括敏感个体，一般不致危害健康的高限。如果日常摄入量超过了 UL 就有可能对某些个体造成危害。有些营养素过量摄入的后果比较严重，有的后果甚至是不可逆的。

对于某些营养素，摄入量可以只计算通过补充、强化和药物途径的摄入，而多数营养素应把食物来源包括在内进行计算。

二、维生素、矿物质概述

（一）维生素

维生素指体内一类小分子化合物，由于体内不能合成或合成数量不足，必须从食物中摄取。各种维生素在体内都有重要的生理功能，如果食物中的供给量不能满足机体的需要，可以产生各种缺乏症状，严重时可以引起相关的缺乏病。因此，在特定生理情况下，各种维生素都必须达到一定的摄入量，才能够保证机体正常生理功能的维持。但是，一些维生素在过量摄入时可以产生毒性。

维生素分为脂溶性（维生素 A、维生素 D、维生素 E、维生素 K）和水溶性（B 族维生素、维生素 C 等）两类。

1. 脂溶性维生素

（1）维生素 A 和胡萝卜素：维生素 A（Vitamin A）是指一类被称为"视黄醇"的脂溶性化合物，主要存在于动物性食物中。

胡萝卜素（Carotene）：极性较小，易溶于醚，不溶于水，主要存在于植物性食物，在体内代谢可转化为维生素 A。

维生素 A 的单位以视黄醇当量（RE）表示，各种胡萝卜素按照约定系数换算成视黄醇当量，目前使用的 β - 胡萝卜素的转换系数为 1/6。

维生素 A 参与人体多种生理生化过程：包括维持皮肤黏膜层的完整性，构成视觉细胞内的感光物质，促进生长发育、维护生殖功能，维持和促进免疫功能。另外，维生素 A 也影响人类营养素代谢。

人体急性维生素 A 中毒很少见，但常发生于大剂量摄入之后。维生素 A 在体内有蓄积作用，因此长期摄入高剂量维生素 A 补充剂和食物可发生慢性维生素 A 过多症，如孕期暴露于高剂量的维生素 A 可增加发生出生缺陷的危险性。最近的流行病学资料表明长期高剂量摄入维生素 A 的绝经后妇女发生髋骨骨折的危险性增加，动物实验表明视黄醇可能通过与维生素 D 的相互作用直接对骨代谢产生影响，并影响甲状旁腺激素以及钙的代谢。

目前研究显示，胡萝卜素的抗癌和保护心血管的作用尚不确定。

β - 胡萝卜素对人群和动物的毒性都很低。在许多干预研究的结果发表之前，一直认为 β - 胡萝卜素除了在连续大剂量服用时可引起皮肤黄染外，未发现其他不良反应。但吸烟者和有石棉接触史者补充后可增加患肺癌的危险性。这一作用的机制尚不清楚，但 β-胡萝卜素可能对某些种类的肿瘤有促进作用。

（2）维生素 D：维生素 D（Vitamin D）是指含环戊烷多氢菲结构并具有钙化醇生物活性的一大类物质。自然界中主要是维生素 D_2（麦角钙化醇）和维生素 D_3（胆钙化醇）对动物和人类有营养意义。维生素 D_3 在肝脏和肾脏内通过连续羟化代谢，转换为活性类固醇激素——1,25-二羟维生素 D_3。维生素 D_2 通过相同的酶系代谢为 1,25-二羟维生素 D_2。

维生素 D_3 在肝脏被代谢成 25（OH）D_3，然后在肾脏转变成 1,25（OH）$_2D_3$ 和 24R,25（OH）$_2D_3$ 后，成为生物活性分子。其主要功能是提高血浆钙和磷的水平到超饱和的程度，以适应骨骼矿物化的作用。近年来，一些研究还报道维生素 D 与慢性病的发生发展有关。

人体所需的维生素 D 主要通过紫外线的作用自身合成，生活在现代社会的人，接触阳光不足，体内的维生素 D 合成不足，应通过补充剂满足需要。

过量维生素 D 可导致高钙血症和高钙尿症。维生素 D 过高导致钙在软组织中沉积，骨弥散性脱矿物质以及不可逆的肾脏和心血管毒性。大鼠和兔在孕期摄入过量维生素 D 可产生多种不良生殖反应。

（3）维生素 E：维生素 E（Vitamin E，生育酚）是所有具有 RRR-α-生育酚活性的生育酚（Tocopherol，T）与三烯生育酚（Tocotrienol，T_3）及其衍生物的总称。膳食中维生素 E 为天然产物，仅有一个异构体，其三个旋光异构体的构型均为 R 型（表示为 RRR），活性以 RRR-α 生育酚当量（αTEs）表示。1mg αTE 相当于 1mg RRR-α 生育酚活性。合成的 α 维生素 E 是 8 种立体异构体的混合物，从其旋光特性命名为全消旋 α 维生素 E，相对活性为 RRR-α 维生素 E 的 74%，常以国际单位（IU）表示其剂量。1IU 维生素 E 相当于 1mg 全

消旋 α 维生素 E 醋酸酯的活性。由 IU 换算成 mg 表述的 αTEs 时，要同时计入 α 维生素 E 和 α 维生素 E 醋酸酯的相对分子质量差异，两者的比值约为1∶1.1。按照目前通用的维生素定义，合成的全消旋 α 维生素 E 或全消旋 α 维生素 E 醋酸酯的 IU 值，需分别乘以 0.74 或 0.67 才可转换成为 αTE 的毫克数。

维生素 E 普遍存在于各种组织和细胞，其抗氧化作用参与维持生物膜的完整性，这一作用影响全身各个器官组织的结构和功能，一些研究观察到免疫、心血管和代谢等方面的有关生物学标志物的变化。

口服维生素 E 相对无毒，大多数人都可以耐受每日口服 100 ～ 800mg αTE 的维生素 E 而没有明显的毒性症状和生化指标改变。动物实验没有发现维生素 E 有致畸和致突变作用。维生素 E 可能提高维生素 K 的需要量，服用大剂量维生素 E 同时服抗凝药物或伴有维生素 K 缺乏时，维生素 E 有抗凝的协同作用。

（4）维生素 K：维生素 K（Vitamin K）是一组来源于 2 - 甲基 - 1，4 - 萘醌的脂溶性同系化合物。天然存在的维生素 K_1 和维生素 K_2 为黄色油状化合物，能溶解在脂肪和有机溶剂中，不溶于水。而人工合成的维生素 K_3 和维生素 K_4 是黄色结晶粉末，可溶于水。维生素 K 类化合物对热稳定，加热不易破坏。但对酸、碱和紫外线敏感，在脂肪酸败时易被破坏失去活性。

维生素 K 参与 γ - 羧基谷氨酸（Gla）合成。γ - 羧基谷氨酸普遍存在于所有维生素 K 依赖的蛋白质中，可以增强这些蛋白质对钙的亲和力并发挥作用，如凝血蛋白、骨钙素等。另外，维生素 K 参与神经鞘磷脂的代谢。

不同形式的维生素 K 引起的不良反应不同。维生素 K_1 的人群毒性报道相对较少，且在动物中可被很好耐受。有报道称经皮注射维生素 K（多数是 K_1 的形式）可引起局部过敏反应。高剂量维生素 K_3 可导致氧化损伤、红细胞脆性增加以及高铁血红蛋白的生成。也有高剂量导致肝脏损伤的报道。维生素 K_3 在 Ames 试验（鼠伤寒沙门菌/回复突变试验）中表现出致突变活性，可能是其支链结构在起作用。关于维生素 K_2 和维生素 K_4 的资料较少。

2. 水溶性维生素

（1）维生素 B_1：维生素 B_1（Vitamin B_1）又称硫胺、赛阿命、硫胺素等，是对热和酸相对稳定的水溶性化合物。维生素 B_1 广泛存在于天然食物中，但含量随食物种类而异，且受收获、贮存、烹调、加工等条件影响。

硫胺素参与构成体内多种酶的辅酶，维持体内正常代谢；同时可以抑制胆碱酯酶的活性，促进胃肠蠕动；另外对神经组织也有一定作用。

一般认为口服硫胺素对人体的毒性很低。有限的人群资料表明硫胺素的不良反应一般与中枢神经系统有关，且仅在很高剂量时出现。少数个体可能在较低剂量时出现过敏反应，但这些较低剂量的病例报告也很罕见。动物实验资料非常有限。酒精可破坏硫胺素的利用，5 - 氟尿嘧啶对硫胺素存在拮抗作用。

（2）维生素 B_2：维生素 B_2（Vitamin B_2）又称核黄素（Riboflavin），是一种水溶性的 B 族维生素，由核糖和异咯嗪组成的呈平面结构的物质。维生素 B_2 广泛存在于动物性与植物性食物中，动物内脏、蛋类、奶类和各种肉类中含量较高；谷类、水果、蔬菜中也有一定含量。

核黄素本身不具有代谢活性，其生理功能主要在于它是黄素单核苷酸和黄素腺嘌呤二核苷酸的前体，两者均为中间代谢中多种酶的辅酶，参与能量生成，催化脱氢反应、羟化反应、氧化脱羧反应，参与维生素及药物代谢等。

在一些人群研究中核黄素可被很好地耐受，没有不良反应的报告。核黄素对实验动物的毒性资料很少。大鼠急性经口给予核黄素后没有产生不良反应。小鼠、大鼠、兔和狗长期经口给予核黄素也没有产生明显的毒性。但还没有进行全面评估性研究。大多数研究只调查了数量非常有限的观察终点。

（3）维生素 B_6：维生素 B_6（吡哆素）是一种水溶性维生素，其基本化学结构为 3 - 甲基 -3 - 羟基 -5 - 甲基吡啶。通常在食物中有 3 种存在形式即吡哆醇（PN）、吡哆醛（PL）和吡哆胺（PM）。维生素 B_6 广泛存在于动、植物性食物中，但含量一般不高。含量最高的食物是白色肉类（如鸡肉、鱼肉），其次为肝、蛋黄、豆类和坚果等。水果和蔬菜中维生素 B_6 含量也较高，含量最少的是柠檬类水果和奶类。

维生素 B_6 作为许多酶的辅酶，参与神经递质、糖类（碳水化合物）、神经鞘磷脂、亚铁血红素、脂肪和核酸的代谢，一碳单位、维生素 B_{12} 和叶酸盐的代谢，同时参与所有氨基酸代谢。另外，维生素 B_6 与免疫系统、神经系统也密切相关。

维生素 B_6 的主要副作用是神经损害。成人每日服用维生素 B_6 在 50mg 以内是安全的，但超过 50mg，特别是超过 2000mg，就有可能损害神经系统。症状一般在停药后不再出现，但一些高剂量的病例出现不可逆性症状。动物研究资料也表明维生素 B_6 有神经毒性，但存在一些明显的种属差异。低至 50mg/（kg·d）的剂量已开始出现髓磷脂丢失。并且还发现了一些更细微的影响如惊恐反应的变化等。

（4）维生素 B_{12}：维生素 B_{12}（Vitamin B_{12}，钴胺素）是一种水溶性维生素，也是类咕啉家族的成员，含有一个可与甲基、脱氧腺苷、羟基和氰基结合的钴离子。由于自然界中的维生素 B_{12} 主要是由细菌合成的，通常来源于动物性食品。

维生素 B_{12} 在体内以两种辅酶形式发挥生理作用，即甲基 B_{12} 和辅酶 B_{12} 参与体内反应，如同型半胱氨酸甲基化转变为蛋氨酸、甲基丙二酸 - 琥珀酸的异构化反应。另外，缺乏维生素 B_{12} 与巨幼细胞贫血、神经异常有一定关系。

通常认为人体摄入维生素 B_{12}（钴胺素）后的毒性很低。现有的大多数资料是可能与维生素 B_{12} 相关的不良作用的病例报告以及主要用来研究其潜在有利作用的补充实验。维生素 B_{12} 的动物毒性数据库很有限。腹腔内和皮下的注射剂量分别为 1.5mg/kg 和 3.0mg/kg 时对小鼠有急性毒性，但经口给予更高剂量（≥5g/kg）的氰钴胺素后小鼠仍能耐受。维生素 B_{12} 与减少胃酸的药、氯霉素、酒精存在拮抗作用，而类固醇药物［如泼尼松（强的松）］可增加恶性贫血病人对维生素 B_{12} 的吸收。另外，补钾及维生素 C 时，需额外补充维生素 B_{12}。

（5）维生素 C：维生素 C（Vitamin C，抗坏血酸）是一种结构与葡萄糖有关、含 6 碳的 α－酮基内酯的弱酸。维生素 C 主要来源是新鲜蔬菜和水果。

维生素 C 是一种较强的还原剂，可使细胞色素 c、细胞色素 a 及分子氧还原，与一些金属离子螯合。虽然它不是辅酶，但可以增加某些金属酶的活性。这些金属离子位于酶的活性中心，维生素 C 可维持其还原状态，从而借以发挥生理功能：参与羟化反应、发挥还原作用、解毒、预防癌症、清除自由基等。

现有的资料提示维生素 C 没有明显的不良作用，口服剂量的维生素 C 对健康人未见明确的关键毒作用终点。口服高剂量的维生素 C（一般剂量达到几克）可产生胃肠道反应，但在 1000mg（1g）剂量时也有报道。对于维生素 C 增加尿草酸盐排泄量这一观点仍有争议。有报道称维生素 C 有多种过氧化作用，但这一作用对一般人群的意义尚不确定。维生素 C 对动物的急性毒性很小，未有影响生殖能力的报道。但高剂量的维生素 C 可降低豚鼠（50mg/d）的生长速率，增加大鼠血的胆固醇含量（维生素 C 量 150mg/kg·d）。

（6）叶酸：叶酸是一种重要的 B 族维生素，化学名称为蝶酰谷氨酸（Pteroylglutamate，PteGlu）。自然界中的叶酸多为还原型（7,8－二氢叶酸）形式，由微生物和植物合成的，广泛存在于各类动、植物性食品中。

叶酸携带一碳单位的代谢与许多重要的生化过程密切相关。补充叶酸可以预防神经管畸形的发生和复发；预防巨幼红细胞贫血和不良的妊娠结局；治疗高同型半胱氨酸血症，进而降低心、脑血管和外周血管动脉粥样硬化及动静脉血栓形成的危险性；降低可能被认为前致癌物的危险因素；在脂代谢过程中亦有一定作用。

通常认为叶酸用于疾病的治疗是安全的。对特定人群可能有副作用，例如服用干扰叶酸代谢药物的患者。叶酸可逆转缺乏维生素 B_{12} 的症状，可使与缺乏维生素 B_{12} 有关的神经病变没有得到治疗而继续发展。

（7）烟酸：烟酸是尼克酸和烟酰胺及其辅酶形式的总称。烟酰胺是活性形式，其功能作为两种辅酶［即尼克酰胺腺嘌呤二核苷酸（NAD）和尼克酰胺腺嘌呤二核苷酸磷（NADP）］的组成成分。烟酸在动物组织中主要以还原型的辅酶（NADH/NADPH）形式存在。烟酸及其衍生物广泛存在于动物性和植物性食物中，良好的食物来源为畜禽肉类、内脏、鱼类、豆类、花生和某些全谷类，乳类和绿叶蔬菜也含有较多的烟酸。

烟酸是葡萄糖耐量因子的组成成分，同时具有保护心血管的作用。烟酰胺在体内与腺嘌呤、核糖和磷酸结合构成 NAD^+ 及 $NADP^+$，在生物氧化还原反应中起电子载体或递氢体作用。在有些实验中，烟酰胺治疗显示出了预防或延缓 1 型糖尿病发展的效果，另外，烟酰胺还是一种对肿瘤特异的辐射敏化剂。

人群服用大剂量的尼克酸可引起许多不良反应。已报道的副作用包括面部潮红、皮肤瘙痒、恶心、呕吐和胃肠道功能紊乱。有报道称长期口服更高剂量的尼克酸可出现肝功能紊乱。其他已报道的副作用有高血糖症以及眼部症状如视觉模糊和黄斑囊性水肿。没有相关动物资料的报道。现有的关于烟酰胺安全性的资料更少，在对 1 型糖尿病患者的研究中指出剂量达 3000mg/d 的烟酰胺不产生副作用，但这些研究的调查人数少，且尚不清楚在给予最高剂量的研究中副作用是如何确定的。相关的动物资料尚未被证实。

（8）胆碱：胆碱（Choline）是卵磷脂的关键组成成分，亦存在于神经鞘磷脂之中。广泛存在于各种食物中，其丰富来源有蛋黄、动物肝、蛋类、花生、大豆等，谷类也是胆碱的良好来源。另外，水果、蔬菜和牛奶中也含有少量胆碱。

在机体内胆碱的生理功能和磷脂的生理功能相互有密切的联系，胆碱的部分生理功能通过磷脂的形式来实现；而胆碱作为胞苷二磷酸胆碱辅酶的组成部分，在合成神经鞘磷脂与磷脂胆碱中起主要作用。

（9）生物素：生物素（Biotin）又称维生素 H，是一种水溶性维生素 B 群成员，几乎存在于所有的食物中，尤其以酵母、动物的内脏（如肝、肾）、大豆、米胚、牛奶和蛋黄的含量最丰富。肠道细菌也能合成一部分生物素供人利用。生物素在脂肪合成、糖质新生等生化反应途径中扮演重要角色。

（10）泛酸：泛酸（Pantothenic Acid）又称维生素 B_5，广泛存在于各种食物中，动物的内脏（肝、肾和心）、酵母、黄豆等食物中含量较为丰富，坚果、蛋、蘑菇，也是良好的来源，但各种植物性食物含量不一。肠道细菌也可合成一部分供人利用。

（二）矿物质

人体内存在多种矿物元素，其中一些是人体生理过程和体内代谢必不可少的，必须从膳食获取，就是营养学所说的必需矿物质元素。根据它们在体内的含量，分为宏量元素和微量元素，在体内具有重要的营养生理功能，包括参与体组织的结构组成，作为酶（参与辅酶或辅基的组成）的组成成分和激活剂参与体内物质代谢，作为激素组成成分参与体内的代谢调节，以离子形式维持体内渗透压、电解质平衡和酸碱平衡等。

1. 宏量元素

（1）钙：钙（Calcium）是一种碱性元素，传统膳食中钙主要来源于蔬菜、谷类等植物性食物，但其中草酸、植酸等降低钙的吸收率。乳及乳类制品含钙高（110mg/100g），吸收率也高，是优质的钙来源。

钙是构成骨骼和牙齿的重要组分，同时在机体内多方面的生理活动和生物化学过程中起着重要的调节作用。

在人体中与高钙摄入有关的主要副作用是奶－碱综合征。高钙摄入可增加敏感个体发生泌尿系结石的风险。近来还有研究报道大量钙补充剂与心血管疾病有关。

（2）镁：镁（Magnesium）是典型的二价金属，最重要的络合物是叶绿素。由于叶绿素的广泛存在，镁富含于各种绿色食物中。膳食的镁还可来自奶、肉、蛋。此外，饮水尤其是硬水也提供部分镁。

镁作为多种酶的激活剂，参与300余种酶促反应。镁在钾和钙稳态调节中发挥重要作用。另外，镁可维护骨骼生长和神经肌肉的兴奋性，维护胃肠道和激素的功能。有研究显示，补充镁可能会改善2型糖尿病的血糖调控；大剂量口服镁剂可抑制体外测量环境中血小板依赖性血栓形成，膳食镁摄入量与血压之间呈负相关、与卒中的相对危险性之间存在负相关。

过量摄入镁的副作用并不常见，主要是渗透性腹泻。有研究表明，即使剂量达到3000mg/（kg·d），也没有致癌作用。镁的诱变实验也得到阴性结果。

（3）钾：人体内的元素，除钙和磷的含量最高外，钾（Potassium）居第3位，较钠的含量高两倍。钾可以调节细胞内适宜的渗透压和体液的酸碱平衡，参与细胞内糖和蛋白质的代谢。有助于维持神经健康、心跳规律正常，可以预防中风，并协助肌肉正常收缩。在摄入高钠而导致高血压时，钾具有降血压作用。

人体钾缺乏可引起心跳不规律和加速、心电图异常、肌肉衰弱和烦躁，最后导致心跳停止。一般而言，身体健康的人，会自动将多余的钾排出体外。但肾病患者则要特别留意，避免摄取过量的钾。

在乳制品、水果、蔬菜、瘦肉、内脏、香蕉、葡萄干中都含有丰富的钾。

2. 微量元素

（1）铁：铁（Iron）是生物系统广泛存在的金属元素，膳食铁的良好来源为动物肝、动物全血、畜禽肉类等。

体内最重要的含铁化合物是血红素蛋白质，包括血红蛋白、肌红蛋白、细胞色素。另外，还有其他含铁酶类。铁还参与许多重要功能，如催化促进 β-胡萝卜素转化为维生素 A、嘌呤与胶原的合成、抗体的产生、脂类从血液中转运以及药物在肝脏的解毒等。人及动物实验皆以证实，铁缺乏有导致抗感染能力降低的特点；许多流行病学研究表明，妊娠早期贫血与早产、低出生体重儿及胎儿死亡有关。

膳食摄入的铁造成的铁负荷过度在正常人群中并不常见。急性铁中毒常见于儿童，常引起严重的胃肠道损伤如出血性胃肠炎。系统性的铁中毒是以多系统的损害为特征的，如肝脏损害、代谢性酸中毒、凝血不良等。

（2）锌：锌（Zinc）是一种含量丰富的ⅡB族金属元素，锌的来源广泛，但食物中的锌含量差别很大。红肉和贝壳类是锌的最好来源，而除谷类的胚芽外植物性食物含锌量低。

锌是细胞内最为丰富的微量元素，已有充足的证据证明锌是微生物、植物和动物所必需。锌的生理功能主要体现在三个方面：催化、结构和调节功能。另外，锌还能参与维持免疫能力、抗氧化、凋亡、细胞增殖和分化、生长与摄食以及妊娠哺乳等。

志愿者服用锌补充剂后可引起胃肠道反应，包括绞痛和恶心。膳食中过量的锌干扰胃肠道对铜的吸收，可能导致继发性铜缺乏。另外，膳食中铁和锌在胃肠道内的吸收相互影响。动物研究资料表明，高浓度的锌对铜的平衡有负面影响。

（3）硒：硒（Selenium）是元素周期表第六主族中的一种金属元素，硒的良好来源是海洋食物和动物的肝、肾及肉类；谷类和其他种子的硒含量依赖它们生长土壤的硒含量，因环境的不同而差异较大。

硒作为微量元素其作用是作为酶或蛋白质中起催化作用的成分，所以这些蛋白质的生物功能也就是硒的生化功能，包括：抗氧化作用、对甲状腺激素的调节作用、维持正常免疫功能、抗病毒作用、抗肿瘤作用、抗艾滋病（AIDS）作用、维持正常生育功能。

硒对人和动物都有毒性作用，对人的慢性毒性最初表现在头发和指甲的病变，随后会出现神经系统的副作用。也有报道硒导致了生化指标的改变。现有的资料显示摄入剂量超过 0.85mg/d 时会导致硒中毒症状的出现。除了有生长缓慢的症状外，硒对动物的副作用与人相似。二硫化硒有致癌性而其他硒化合物则没有。硒化合物在体内试验中没有致突变性。

（4）铬：铬（Chromium）是一种过渡金属元素，以多种氧化物形式存在，其中三价铬和六价铬在生物学方面更为重要。铬的最好来源是整粒的谷类、豆类，肉和乳制品。

铬在人体内参与糖和脂类的代谢，具有维持糖耐量在正常水平、促进生长发育的功能。另外，铬在核酸的代谢或结构中也发挥作用。

铬的毒性取决于其不同的离子价状态，通常六价铬的毒性比三价铬强。铬的吸收率很低，因此口服铬的毒性水平较低。较高剂量的铬［大约100mg/（kg·d）］与生殖、发育毒性有关，但可能还是以母体毒性为主。通常说来，在体外诱导细胞突变的实验中，六价铬能够产生阳性结果而三价铬化合物则为阴性。甲基吡啶铬可引起哺乳动物细胞中 DNA 损伤。这一发现的意义还不明确，而且也没有关于铬在体内是否具有遗传毒性的资料。

（5）锰：锰（Manganese）以多种氧化状态存在。生物学上最重

要的是 Mn^{2+} 和 Mn^{3+}。食物中含锰较丰富，且人需求量较小，故摄入正常膳食的人群中未见锰缺乏的报道。

锰在体内一部分作为金属酶的组成成分，一部分作为酶的激活剂起作用。含锰的酶包括精氨酸酶、丙酮酸羧化酶和锰超氧化物歧化酶。由锰激活的酶很多，包括氧化还原酶、裂解酶、联结酶、水解酶、激酶、脱羧酶和转移酶。而锰缺乏可能会影响疾病的发展，膳食低锰或者血液和组织低锰与骨质疏松、糖尿病、癫痫、动脉粥样硬化、伤口愈合延迟以及白内障有关。

人群和动物长期暴露于锰都可导致神经毒性。一般认为口服途径锰的摄取受内稳态的调节，但也有人认为饮用高浓度锰的水导致较低水平的锰暴露产生较轻的神经毒性。由于锰暴露试验设计和缺乏数据等存在问题，还不可能就此得出结论。

（6）铜：铜（Cuprum）是人体必需的微量元素，是体内近 40 种氧化还原酶的必需成分，有多种生理功能：促进结缔组织的合成，健全骨骼、血管壁；维护正常造血功能；维护中枢神经系统正常结构功能；促进黑色素合成及维护正常毛发结构；清除超氧负离子。铜缺乏时合成 SOD 减少，体内产生的自由基不能被及时清除，使脑神经细胞萎缩变性，神经元减少，大脑皮层萎缩，出现脑血管硬化及老年痴呆。此外，铜对胆固醇代谢、糖代谢、免疫功能、内分泌功能等也有影响。

（7）钼：钼（Molybdenum）是人体必需的微量元素，膳食及饮水中的钼化合物，极易被吸收。膳食中的各种含硫化合物对钼的吸收有相当强的阻抑作用，硫化钼口服后只能吸收 5% 左右。钼酸盐被吸收后仍以钼酸根的形式与血液中的巨球蛋白结合，并与红细胞有松散的结合。血液中的钼大部分被肝、肾摄取。

钼为多种酶的组成部分，钼的缺乏会导致龋齿、肾结石、克山病、大骨节病、食管癌等。钼在机体的主要功能是参与硫、铁、铜之间的相互反应。钼是黄嘌呤氧化酶、醛氧化酶和亚硫酸氧化酶发挥生物活力的必需因子，对机体氧化还原过程中的电子传递、嘌呤物质与含硫氨基酸的代谢具有一定的影响。钼还能抑制小肠对铁、铜的吸收，其机制可能是钼可竞争性抑制小肠黏膜刷状缘上的受体，或形成不易被吸收的铜–钼复合物、硫–钼复合物或硫钼酸铜（Cu – MoS）并使之不能与血浆铜蓝蛋白等含铜蛋白结合。

三、营养素补充剂产品维生素和矿物质的种类和用量

允许补充的维生素和矿物质的种类及用量如下。

1. 维生素（15 种）　视黄醇当量（维生素 A 或维生素 A 加 β–胡萝卜素）、β–胡萝卜素、维生素 D、维生素 E、维生素 K、维生素 B_1、维生素 B_2、维生素 PP（烟酸、烟酰胺）、维生素 B_6、叶酸、维生素 B_{12}、泛酸、胆碱、生物素、维生素 C。

2. 矿物质（10 种）　钙、镁、钾、铁、锌、硒、铬、铜、锰、钼。

3. 维生素和矿物质的用量

（1）维生素和矿物质的用量根据产品说明书【功效成分及含量】及【食用量及食用方法】计算。

（2）产品标签和说明书【功效成分及含量】标出了维生素和矿物质的具体含量，标示值为确定数值，非范围值。

（3）适宜人群为成人的，其维生素、矿物质的每日推荐摄入量应当符合《维生素、矿物质种类和用量》的规定，具体用量详见表 2 – 1。

（4）适宜人群为孕妇、乳母以及 18 岁以下人群的，其维生素、矿物质每日推荐摄入量应当控制在我国该人群该种营养素推荐摄入量（RNIs 或 AIs）的 1/3 ~ 2/3 水平，具体用量详见《中国居民膳食营养素参考摄入量》。

（5）产品适宜人群大致划分为：成人、18 岁以下人群、孕妇、哺乳期妇女。适宜人群以及食用量、食用方法中未明确注明孕妇、乳

母以及 18 岁以下人群的，不推荐上述人群食用该产品。

（6）产品不能代替药物，不宜超过推荐量或与同类营养素补充剂同时食用。

表 2 - 1　维生素、矿物质的种类和用量

名称	最低量	最高量
钙（Ca）	250mg/d	1000mg/d
镁（Mg）	100mg/d	300mg/d
钾（K）	600mg/d	1200mg/d
铁（Fe）	5mg/d	20mg/d
锌（Zn）	5mg/d	20mg/d
硒（Se）	15μg/d	100μg/d
铬（Cr^{3+}）	15μg/d	150μg/d
铜（Cu）	0.5mg/d	1.5mg/d
锰（Mn）	1.0mg/d	3.0mg/d
钼（Mo）	20μg/d	60μg/d
视黄醇当量（维生素 A 或维生素 A 加 β - 胡萝卜素）	250μgRE/d	800μgRE/d
β - 胡萝卜素	1.5mg/d	5.0mg/d（合成） 7.5mg/d（天然）
维生素 D（Vit D）	1.5μg/d	10μg/d
维生素 E（Vit E）（以 α - 生育酚当量计）	5mg a - TE/d	150mg a - TE/d
维生素 K（Vit K）	20μg/d	100μg/d
维生素 B_1（Vit B_1）	0.5mg/d	20mg/d
维生素 B_2（Vit B_2）	0.5mg/d	20mg/d
维生素 PP　烟酸	5mg/d	15mg/d
烟酰胺	5mg/d	50mg/d

续表

名称	最低量	最高量
维生素 B_6（Vit B_6）	0.5mg/d	10mg/d
叶酸	100μg/d	400μg/d
维生素 B_{12}（Vit B_{12}）	1μg/d	10μg/d
泛酸	2mg/d	20mg/d
胆碱	150mg/d	1500mg/d
生物素	10μg/d	100μg/d
维生素 C（Vit C）	30mg/d	500mg/d

第三章

科学选择保健食品

第一节
保健食品选用的基本原则

　　《中国居民营养与健康现状》（2004 年 10 月 12 日）调查报告显示，我国居民营养与健康问题不容忽视。主要问题包括：城市居民膳食结构不尽合理，一些营养缺乏病依然存在，慢性非传染性疾病患病率上升迅速，高血压、糖尿病、高血脂、超重和肥胖等患病率有较大幅度升高。膳食营养和体力活动与相关慢性病关系密切，因此，一方面急需加强公众教育，倡导平衡膳食与健康生活方式，提高居民自我保健意识和能力。另一方面，在合理营养与膳食的基础上，科学合理地选用一些具有特定保健功能的保健食品，对于降低疾病发生，促进居民的健康保健，节约卫生资源均具有积极意义。

　　近些年，保健食品成为食品家族中的重要成员，已发展成为一个具有蓬勃生命力的行业，形成了独立的市场体系。当消费者面对各式各样、琳琅满目的保健食品时，不可避免地存在该不该买、该买哪个的困惑。近期某大学进行的一项关于保健食品消费者心理分析的调查显示，有 77.5％的保健食品购买者购买原因在于想给自身补充营养；16.3％是遵医嘱食用，其次还有 1.6％的消费者属于跟风购买；其他一些购买原因的占被调查者的 4.7％。可以说，消费者购买保健食品，几乎全凭自己的感觉和想法，吃多吃少、忌什么不忌什么，完全不顾结果就乱吃，购买时觉得哪个好就买哪个。有 43.5％的调查者同时食用两种或两种以上的保健食品，个别被调查者甚至一次吃四种以上。保健食品虽然是食品，但不是任何人都可以长期随便食用的，这种购买与食用的方式显然是不科学的，基于上述情况，告诉普通消费者如何科学地选择保健食品就显得尤为重要。

一、选择保健食品的必要性

在确认该保健食品是合格产品后，应当遵循选择保健食品的第一个原则——必要性，即根据自己的实际身体状况与健康诉求来判断，确定自己是否必须食用保健食品。保健食品不以治疗疾病为目的，当机体已经出现疾病症状的时候，就需要药物的治疗，以免延误病情。那么到底什么情况下我们要选择保健食品

矿物质家族

钙　钾　铁

锌　镁

呢？在"亚健康"状态下选择保健食品，可以对我们的机体起一个辅助调节的作用。当一个人感觉到身体有不适的时候，应当首先排除自己患病的可能，其次再判断自己是否需要食用保健食品。例如一个人总是有疲劳的感觉，而通过睡眠、休息等无法消除其疲劳症状，检查身体又查不出什么问题。在这种情况下，就有必要通过选择保健食品来进行调节。但是千万不要把食用保健食品当作一种时髦的享受，在健康的情况下盲目食用。

二、选择保健食品的适用性

选择保健食品的第二个原则——适用性，国家食品药品监督管理总局关于保健食品说明书标签的有关规定中明确要求：保健食品标签同一最大可视版面应当标注保健食品标志、保健食品名称和批准文号。注意事项和不适宜人群以及有特殊要求的贮藏方法的内容应当在

标签的显著位置标示，字体不小于"适宜人群"字体。由此可见相关部门是非常重视保健食品适用性的问题的。

在我国，保健食品的消费主要集中在中老年人，在某省进行的调查显示84.4%的保健食品都是购买给老年人的，老年人因为各种原因的限制，很难判断摆在面前的保健食品是否适合自己，往往抱着不要浪费的态度食用掉，如果食用了不适合的保健食品，难保不给老年人的身体带来其他方面的不适。前面说过，保健食品适于特定人群，并不是所有人都能吃或者所有人吃了都能发挥其功效的。不同保健食品内含不同的活性成分，即使是含有的活性成分相同，也可以制作成不同的剂型（如胶囊、口服液等），这就是考虑到了不同人群的适用性。在保健食品的功能性方面，虽然已批准的保健食品大都按《保健食品功能学评价程序和检验方法》进行严格的动物试验，部分功能项目进行了人体试食试验观察（如美容、减肥、调节血脂、改善视力、改善肠道菌群等）。由于试验动物与人体生理代谢的生物特性差异很大，保健食品功能只有最终在人身上体现出有益的作用及效果才能确立其真实价值。少数产品虽然进行了人体试食试验，但由于时间较短（一般30~45天左右），人数较少（一般在50人左右），所反映出的功效情况与上市后人群食用实际效果有一定差距，很难全面而系统地说明问题。由于我国大部分保健食品的设计是依据中医药理论和中医养生思想，经科学配伍而成的。有些保健食品虽然申报的可能是27项功能中的同一个功能，但由于组方不同、原理不同，甚至剂量不同、原料来源不同、工艺剂型不同等均会对人体产生不同的影响和作用，而且在不同人群（年龄、性别、职业、身体状况、生活区域、生活环境、生活方式）当中也会有不同的体现。广大消费者不要人云亦云，或者一味听信产品广告宣传，甚至被华丽的产品外包装迷惑，消费者应当了解保健食品真实的产品功能信息，以便正确掌握产品的人体适用性，选到最适合自己的保健食品。

总之，不论何种人群，在选择保健食品时，都要充分考虑其必要性和适用性。一方面，保健食品虽有调节人体某些功能的作用，但其本质仍是食品，而不是用来治疗疾病的物质。人在疾病状态下需要药物的治疗，单纯迷信保健食品的功效作用无疑会延误病情。另一方面，保健食品含有特定功效成分，具有特定功能并且仅适宜特定人群食用，扩大适宜人群范围可能会产生许多不良作用。食用保健食品不是时髦的享受，在健康的情况下不可盲目食用。科学、均衡、合理的膳食才是预防疾病、促进健康必不可少的关键因素，也是保健食品功能背后的根本和前提。

第二节
不同人群如何合理选择保健食品

一、特殊人群生理特征及营养、健康

（一）特殊人群生理特征

1. 少年儿童生长发育特点　0～3 岁的婴幼儿是一生中大脑和各组织器官生长发育最快、最关键的时期。与出生时相比，1 岁时体重约增加 2 倍。身长平均增加 15 厘米、头围平均增加 12 厘米。婴幼儿的消化吸收系统逐步发育完善，消化酶分泌逐渐增强，逐渐能接受和适应母乳之外的其他食物。由于婴幼儿处于体格发育和智力发育的关键时期，与成人相比，婴幼儿需要相对更多的营养素和能量，以保证其生长发育的需要，如果长期营养素供给不足，生长发育就会受到影

响，甚至停止，还可能由于错过发育的最佳时期，影响一生的健康。因此，婴幼儿时期的营养对人体一生的素质都具有重要意义，必须根据其生理发育特点科学合理地安排每日饮食。为婴幼儿提供营养素全面、密度高、易于吞咽和消化吸收的食物。

与婴幼儿期相比，学龄前儿童的生长发育速度有所减慢，但是与成人相比，身体各器官和系统仍然处于迅速生长发育之中，而且脑和神经系统的发育仍持续并逐渐成熟，加上活泼好动，需要更多的营养。

2. 孕妇、乳母生理特点　根据美国医学会最新推荐，对于营养良好的孕妇，推荐的整个孕期体重增长约为 11.5～16kg，其中孕早期平均体重增长约为 0.5～2kg，孕中期和孕晚期每周平均体重增长约为 0.42kg。对于体重正常的妇女，孕期平均蛋白质增加约为 927g。孕妇通过增加蛋白质摄入量和机体自身调节机制来满足自身和胎儿的蛋白质需要量。临床试验数据显示，孕前和妊娠前 4 周内补充叶酸可显著降低新生儿神经管畸形以及其他出生缺陷（如脊柱裂）的发生率。血容量从孕早期开始逐渐增加，在孕晚期达到高峰，增加量约 35%（1400ml 左右）。孕期铁需要的增加主要用于母体额外红细胞的合成、胎儿铁储存和胎盘发育。包括基础铁丢失，孕妇在整个孕期铁的净需要量约 840mg。由于胎儿的生长发育呈几何线性增长，超过 80% 的胎儿铁储存发生在孕晚期。铁吸收也随孕期铁需要和铁储存的变化而变化。在孕早期，由于铁的需要较低（没有月经血丢失，胚胎较小），铁的吸收反而降低。孕中期铁吸收增加约 50%，孕晚期铁吸收可增加 4 倍。

分娩后，产妇一方面要恢复本身的健康，同时又要担负泌乳与哺育婴儿的重任，需要的能量和营养素较多，而泌乳过程又是一种复杂的神经反射，受神经体液的调节。分娩后，母亲的雌激素和孕酮都很快消退，催乳激素逐渐上升。在新生儿吮吸时，大脑下丘本来释放的多巴胺停止释放，使垂体前叶分泌的催乳激素不受抑制而进入血流，促使乳腺上皮的小泡分泌乳汁。哺乳期母亲的营养状况非常重要。一方面要逐步补偿妊娠和分娩时所损耗的营养素储存，促进除乳腺以外乳母全身各个器官和系统功能恢复到孕前状态；另一方面还要分泌乳汁、哺育婴儿。若乳母的营养状况不佳，不仅会直接影响乳母的健康还会影响乳汁的分泌量、乳汁质量，而乳汁的分泌量和乳汁的质量与婴儿的健康成长关系密切。分娩过程产妇消耗过大，乳母营养摄入不足、新生儿的护理、哺乳等常会导致乳母出现各种亚健康状况，如疲劳乏力、四肢倦怠、腰膝酸软、头晕失眠、畏寒肢冷、心绪不宁、气短汗多等。

3. 中老年人的衰老过程和生理特点　人体的衰老过程是最复杂的生理过程，伴随着体力活动能力的减低、精力减退，对疾病的易感性也增加。衰老的过程从成年时期就已经开始了，并且随着年龄增加，衰老的进程加速。45 岁之后衰老速度的进程更快。衰老是不可避免的自然规律，而个体衰老进程的快与慢是由基因决定的，同时也受环境因素的影响。中老年人消化系统功能逐渐减退，牙齿松动和缺失，牙龈萎缩，唾液与咀嚼能力下降，胃酸减少，肠道蠕动与消化、吸收能力下降，排便能力降低等；性激素水平下降，引发机体代谢改变，尤其是女性更易出现钙的负平衡，增加患骨质疏松的风险。食物摄入总量逐渐减少，容易出现微量营养素缺乏；甲状腺功能下降，基础代谢率下降，引起体重的升高，胰岛功能减退，胰岛素分泌减少，免疫系统功能降低，抵抗力下降，罹患传染病、炎症和肿瘤的风险明显增加。老年人的营养不仅为了维持生命的需要，也是预防疾病、减缓衰老进程的重要影响因素。应针对老年人的生理特点、机体现状，及时合理调整日常饮食。

（二）特殊人群的营养与健康问题

进入新世纪，随着我国国民经济持续、快速的发展，城乡居民生活水平不断提高，在人群营养与健康状况持续得到了明显改善的同时，居民的膳食模式也在逐渐发生变化，由于膳食不平衡导致的超重和肥胖发生率逐年升高，与营养相关的慢性疾病（如超重与肥胖、心脑血管疾病、糖尿病和肿瘤等）的发生率也明显增加，其中以大城市尤为突出。但是在农村，尤其是边远落后、经济不发达的地区，人群营养不良的患病率还是突出的问题。

1. 少年儿童的营养与健康状况　　生长发育是儿童区别于成人的重要特点。生长是指随着儿童年龄的增加，身体各器官和系统的不断长大，可用相应的测量值表示生长量的变化，主要以形态变化来体现，是发育的物质基础。儿童营养与健康状况是衡量整个人群营养状况的敏感指标。

（1）超重与肥胖：儿童期的超重、肥胖不断增加已经成为全社会备受关注的公共卫生问题，尤其是在经济状况比较好的城市更为突出。与 1992 年相比，2002 年我国儿童的超重和肥胖率上升的趋势明显，如 0～6 岁、7～17 岁的超重率和肥胖率 10 年间分别上升了 31.7% 和 17.9%。中国 5 岁以下儿童营养状况 15 年变化的分析结果也提示，城市儿童的超重和肥胖率呈现逐年增加的趋势，依据 WHZ（身高别体重）≥2 作为判断儿童超重的指标，城市儿童 2005 年身高正常儿童 WHZ≥2 的比例由 1990 年的 2.2% 增至 5.3%；但是在农村儿童超重和肥胖还不是突出问题。

与 2000 年相比，2005 年全国学生体质与健康调研结果提示 7～22 岁汉族学生超重和肥胖检出率持续增加。超重和肥胖检出率在城市男生分别为 13.2% 和 11.4%，城市女生分别为 8.7% 和 5.0%，农村男生分别为 8.2% 和 5.1%，农村女生分别为 4.6% 和 2.6%，说明我国在校学生的超重和肥胖问题已经成为影响学生营养与健康状况的重要因素之一。我国的部分地区儿童肥胖抽样调查结果也证明了上述趋势，经济发达地区如上海市，报告的 6～18 岁儿童肥胖发生率高达

12.5%，许多发达国家和城市报告的儿童肥胖患病率比过去 20 年增长了 1 倍。

营养过剩是导致儿童肥胖的主要原因，对儿童的饮食及时进行有效的营养指导和干预、纠正不良饮食习惯、适当增加户外运动时间和强度等是预防儿童肥胖的切实可行的措施。

（2）营养不良：儿童的营养状况被认为是衡量整个人群营养状况的敏感指标，而 5 岁以下儿童的营养状况则是人口素质的基础。2002 年中国居民营养与健康状况调查结果，全国 5 岁以下儿童生长迟缓率为 14.3%，其中城市为 4.9%，农村为 17.3%；全国 5 岁以下儿童低体重率为 7.8%，其中城市为 3.1%，农村为 9.3%；全国 5 岁以下儿童消瘦率为 2.5%，其中城市为 1.8%，农村为 2.7%；生长迟缓率、低体重率和消瘦率均显示农村显著高于城市。与 1992 年相比，2002 年我国 5 岁以下儿童生长迟缓率、低体重率和消瘦率均显著下降，分别下降了 55.2%、56.7% 和 36.1%，城市下降的速度显著大于农村。营养不良患病率从 6 个月龄后随年龄增长而上升，15～18 个月龄为高峰，到 18 个月时生长迟缓率达到 34.7%。2004 年全国八个省（黑龙江、江苏、山东、河南、湖北、湖南、广西、贵州）城乡 0～5 岁儿童的生长发育状况调查结果显示，农村各年龄组儿童的营养不良率均显著高于城市，城市和农村儿童的低体重率分别为 2.2% 和 11.9%，生长迟缓率分别为 2.9% 和 12.6%，消瘦率分别为 2.3% 和 4.2%。在 2001～2005 年，通过对西部贫困省、自治区和直辖市（新疆、甘肃、青海、宁夏、内蒙古、广西、江西、四川、重庆）3 岁以下儿童的现状调查，上述地区儿童生长迟缓和消瘦的发病率分别为 16.9% 和 6.3%。营养不良仍然是贫困地区儿童的突出营养与健康问题之一。

（3）多种微量营养素缺乏：近年来全国性的调查结果显示，我国儿童中过去常见的传统的营养缺乏病已较少见或显著降低。然而由于儿童生长发育迅速的特点和婴幼儿存在特殊的喂养问题，常常容易发生多种微量营养素摄入量不足的问题，长期的结果可导致微量营养素缺乏病，如儿童中铁缺乏和缺铁性贫血、维生素 A、维生素 D 以及钙缺乏等是最常见的微量营养素缺乏病，导致儿童免疫功能降低，增加感染性疾病的发病率和死亡率。

（4）铁缺乏与缺铁性贫血：铁缺乏和缺铁性贫血是发展中国家儿童中普遍存在的营养问题，在我国由铁缺乏引起的缺铁性贫血已成为影响儿童健康状况的主要营养缺乏病。2002 年中国 2 岁以下婴幼儿为贫血的患病高发人群，平均为 31.1%（28.6% ~ 36.1%）；5 岁以下儿童的贫血患病率为 18.8%，农村（20.8%）高于城市（12.7%）。国内部分地区抽样调查儿童缺铁性贫血患病率，各年龄组中贫血患病率检出的高峰年龄为 6 个月至 1 岁，检出率为 21.0% ~ 32.1%。

儿童的缺铁性贫血已受到关注，而早期铁缺乏还未受到充分重视。我国儿童铁营养状况不良已成为一个公共卫生问题，约 40% 以上儿童存在不同程度的铁缺乏。儿童的缺铁和缺铁性贫血对我国未来的劳动生产力会造成极大的负面影响，带来的经济损失也将是十分巨大的。因此，应重视人群缺铁性贫血的预防，尤其是处于快速生长发育期的儿童。改善儿童贫血和铁缺乏状况，不仅可以改善儿童营养状况和提高学习认知能力，还可以减少社会劳动生产力的损失，对社会经济的发展具有潜在影响。

（5）维生素 A 缺乏：近年来全国大样本调查结果显示，儿童中严重的维生素 A 缺乏虽然已很少见，但是维生素 A 的亚临床缺乏或边缘性缺乏率仍然很高。2002 年全国 3~12 岁儿童维生素 A 缺乏率（血清视黄醇 < 0.7μmol/L）为 9.3%，男孩、女孩分别为 9.6% 和 9.1%；3 ~ 7 岁组缺乏率最高，3 ~、4 ~、5 ~、6 ~、7 ~ 组别为 10.0%、11.1%、11.6%、12.8、12.5%；边缘缺乏率（血清视黄醇 0.7 ~ 1.4μmol/L）全国平均为 45.1%，男孩、女孩分别为 46.0% 和 44.2%。儿童的维生素 A 缺乏率与经济状况密切相关，即与深色蔬菜

消费量低和动物性食物来源的预先形成维生素 A 占的比例低有关。

上述结果提示，目前我国总体上为亚临床儿童维生素 A 缺乏国家，其中城市儿童处于边缘缺乏，农村儿童为中度亚临床缺乏，西部地区农村儿童临床缺乏较严重。轻度维生素 A 缺乏增加儿童呼吸道和消化道感染性疾病的发病率和死亡率，积极预防儿童维生素 A 缺乏对降低 5 岁以下儿童患病率和死亡率具有重要意义。

（6）钙与维生素 D 缺乏：良好的钙营养状况不但可促进儿童的生长发育，而且对儿童骨骼的完整性和健康生长非常重要。2002 年中国居民营养与健康状况调查，2～18 岁儿童青少年的膳食钙摄入量仅达到适宜摄入量的 35.1%，男孩、女孩分别为 36.3% 和 34.0%；虽然城市儿童（41.0%）高于农村（33.2%），但是与中国营养学会推荐的适宜量仍相距较大。近年局部地区抽样调查结果显示，不论南方还是北方，我国儿童钙摄入量普遍不足，调查结果显示，儿童缺钙率仍占相当大的比例，吉林为 31.0%，山东为 49.4%，广东为 46.8%；儿童缺钙率与年龄的关系表现为儿童年龄越大，缺钙的比例越大，以学龄组最高。目前我国儿童的钙摄入量不足以满足处在生长发育期儿童的需要，为了改善钙的营养状况和促进儿童骨密度的增长，应宣传增加奶及其制品的摄入量。

我国与大多数发展中国家一样，儿童中维生素 D 缺乏和营养性佝偻病还是很常见的，这种情况多与医生忽视对哺乳期儿童补充维生素 D 有关，因为母乳中的维生素 D 及其代谢产物的含量很低，母乳喂养的婴儿发生维生素 D 缺乏的危险性较高，因此对采用纯母乳喂养的婴儿，早期补充维生素 D 是非常必要的。婴幼儿发生维生素 D 缺乏或佝偻病可能并不仅仅是由于幼儿自身缺乏日光照射导致合成维生素 D 不足，还可能源自胚胎时期母体长期维生素 D 营养状况较差。

2. 孕妇、乳母的营养与健康状况　我国政府一直把妇女营养与健康状况的改善作为促进性别平等的优先领域。国家先后颁布实施了

《中华人民共和国母婴保健法》、《中华人民共和国人口与计划生育法》等法律，并在国家妇女发展纲要中提出了妇女健康状况的改善目标；重视满足妇女在生命周期各阶段的健康服务需求，改善妇女的营养状况，提高妇女的生存质量。

（1）孕妇的营养与健康状况：妊娠是一个极其复杂的生理过程，为了适应胎儿在母体内的生长，孕妇在妊娠期间经历了一系列的生理和代谢调整，结果导致孕妇的营养需要发生明显改变。孕期营养是胎儿正常成长的基础，孕期营养不良将会影响胎儿的脑发育、脑细胞的增殖数量和大小。值得注意的是，孕期某些营养素缺乏或过多还可导致胚胎畸形，增加出生缺陷的发生率。低体重新生儿伴有先天异常的发生率较正常体重儿高8倍。

2002年的孕妇膳食调查结果显示，每日能量摄入均超过了RNI。孕中期妇女蛋白质摄入量达到RNI的92%，孕末期也能达到86%；孕早、中和晚期的视黄醇当量摄入量分别达到RNI的57.7%、53.0%和55.5%；维生素B_1和维生素B_2的摄入量分别达到RNI的70%和50%；钙摄入量仅达到RNI的32%~40%；孕中、晚期铁的摄入量分别达到RNI的93.2%和72.6%；锌摄入量达到RNI的60%~70%。其他研究结果证实，除偏远农村地区、山区还有少数孕妇存在蛋白质、能量摄入不足的问题外，大部分地区孕妇膳食中存在的问题是多种微量营养素（维生素和矿物质）摄入低。蛋白质和必需氨基酸、维生素、矿物质都是支持胎儿发育所必需的重要物质。有报告指出，蛋白质摄入量低于85g/d，怀孕前三个月发生流产机会为1.26%~8.11%。

2002年中国居民营养与健康状况调查显示，我国孕妇的钙补充率达到了41.4%，叶酸补充率为20.5%，复合维生素补充率为17.1%，鱼肝油补充率为12.3%，而铁补充率仅为13.1%，碘补充率最低为8.4%，孕妇的保健意识有了一定程度的提高，但是整体上我国孕妇服用营养素的比率还处于较低水平。在矿物质中，钙、磷和镁是孕期妇女需要量增加较多的矿物元素，这些元素与胎儿的骨骼形成有关，如果孕妇摄入量不足，则会影响到胎儿的骨骼和牙齿发育，对于处于高危妊娠的妇女推荐每日补充适量多种维生素和矿物质是很有必要的。在发展中国家孕期妇女合理补充适量的营养素补充剂尤为重要，它可以改善孕妇的营养状况、增加免疫功能和抗氧化能力、降低出生缺陷发生率。研究表明，联合补充钙、铁、锌，使其达到或接近目前营养素推荐摄入量或适宜摄入量，是改善孕妇营养状况的最佳方式。同时还需要强调，孕期补充营养素必须在医生的指导下进行，不能盲目地补充，过量补充也可影响胎儿的正常生长发育，甚至诱发胚胎畸形，同时也会对孕妇本身的健康状况产生不良影响。

（2）乳母的营养与健康状况：怀孕、分娩和产后护理是妇女生理的连续过程，产后乳母的营养状况不仅关系到产妇体质恢复，也会影响到新生儿的生长发育，是反映妇女生殖健康状况的一项量化指标。乳母的营养需要，一方面要逐步补偿妊娠和分娩时所耗损的营养储存，促进器官和各系统功能的恢复；另一方面还要分泌乳汁、哺育婴儿。良好的乳母营养状况是乳汁分泌的物质基础，母乳分泌量及营养成分受乳母营养状况的影响。因此，了解乳母膳食营养状况，改善乳母的营养与健康状况，对促进和完善母乳喂养具有重要的意义。

中国妇女有产后"坐月子"的习俗，"月子"中的膳食质量比较好，尤其注重禽畜肉、蛋、鱼和红糖的摄入，但含纤维素、矿物质多的蔬菜和水果的摄入不足，甚至认为某些蔬菜还有回奶的作用。这种膳食结构能够满足蛋白质、脂肪、能量以及铁等营养素的需要，优质蛋白摄入量较高，三大营养素生热比例合理，如果再能多吃些水果、蔬菜和豆类，则膳食结构将会趋于合理。婴儿满月后，乳母膳食受到特别照顾和重视的程度明显降低，在农村表现得更为突出。例如2002年的调查结果显示，有44.1%的乳母认为产后第二个月的膳食质量明显下降，一半以上的乳母认为膳食质量下降是影响泌乳量下降的主要原因。良好的乳母营养供给是维持乳汁正常分泌和乳汁质量相对恒定的重要保证。由于乳汁中各种营养成分全部来自母体，倘若乳母营养素摄入不足，将会动员乳母体内的营养储备以维持乳汁营养成分的恒定，如果乳母长期营养不良，将会导致乳汁分泌量减少。由于城市产后就业竞争的压力，通常分娩后约 4 个月就要重新开始工作，结果也会影响继续母乳喂养，还有的妇女害怕产后母乳喂养婴儿影响形象，不选择母乳喂养或过早断乳。

多项调查结果显示，我国乳母日常膳食中某些营养素与 RNI 或 AI 有一定差距，尤其是通过日常膳食难以满足多种微量营养素的需要，额外补充成为必要，尽管膳食中某种营养素含量虽然达到或超过推荐量，但是由于生物利用率较低，也需要额外补充。产妇的营养状况与经济水平、妇女地位、环境条件及健康保健等因素有关。即使经济水平居全国前列的地区，社会环境相对优越，但仍有 1/3 产妇存在贫血、低蛋白血症等营养不良。孕期和产后营养不良可以使乳汁中脂肪含量降低。母体某些微量营养素摄入或储备不足，将会导致乳汁中维生素 A、维生素 B_1、维生素 B_2、维生素 B_6、维生素 B_{12}、碘和硒的含量降低，这对婴儿的健康不利。

正常产妇产后出现贫血多为孕期贫血的延续，同时还受分娩时出血量的影响，我国产妇和乳母的贫血率仍然较高。妇女生产后体质普遍偏低，尤以蛋白质缺乏及贫血最为突出。年龄 ≥30 岁的产妇贫血、低蛋白血症的发生率高于 <30 岁的产妇，年龄大的产妇营养状况更差。2002 年的调查结果发现，全国乳母贫血率达到 30.7%，城乡差异显著（$P < 0.0001$），大城市乳母贫血率为 16.4%，在各地区乳母贫血率最低，其次是二类农村，中小城市，一、三和四类农村乳母贫血率为 31.8% ~37.4%；乳母贫血率随年龄增加呈现降低趋势（$P < 0.01$），35 岁以上乳母贫血率为 28.3%，显著低于 15 岁组和 25 岁

组；产后不同时间的乳母贫血率没有显著差异，但是在产后 1 年的妇女贫血率呈现下降趋势。

尽管城乡乳母的铁摄入量没有明显差异，但是城市乳母铁补充率为农村的 2 倍，且城市乳母补充铁剂的比例也较高，因此城市乳母贫血率低于农村。研究结果表明乳母贫血率显著高于非乳母。

3. 中老年人容易出现的营养问题　中老年人健康和衰老进程的个体差异较大，也与社会环境、家庭条件、经济条件及机体生理与病理状况有关，通过改善生活方式、平衡膳食与合理营养可以预防衰老的过早发生，延缓衰老的进程，提高老年时期的生活质量。

（1）能量和蛋白质的负平衡：随着年龄增加，出现牙齿脱落、咀嚼能力减退、消化吸收能力减退或排泄能力降低等问题。活动量减少直接影响食物摄入量。若老年人长期摄入的食物种类和数量都不足，容易发生营养缺乏。在常量营养素方面，老年人最易出现的是氮的负平衡，以及钙缺乏与不足。年龄越大的老人，发生负平衡的风险越高。

（2）能量过剩与肥胖：虽然有些老人并没有减少食量，但是由于运动量的减少导致消耗减少，或者由于激素水平的变化等而导致能量消耗低于能量摄入，出现超重或肥胖。随之导致发生高血脂、高血糖、冠心病、糖尿病等慢性病的风险增加。

（3）微量营养素缺乏与不合理补充：伴随消化吸收能力、食量和食物种类的下降，并受疾病或药物的影响，老年人容易出现微量营养素不足；但是由于老年人更关注自身的健康问题，也存在不合理服用补充剂的问题。如维生素 E、维生素 D、维生素 A 的过量补充，可能对健康造成负面影响。

（4）钙丢失、骨质疏松与骨折：老年人，尤其是停经后的女性，体内钙丢失大于钙沉积，易发生骨质疏松；由于骨脆性增加，骨韧性降低，如果摔倒，容易发生骨折，尤其是髋骨骨折。

由于老年人的消化吸收能力、活动能力、激素水平、免疫力逐渐衰退，因此非常容易出现一些营养问题，如营养不良、与营养相关的慢性非传染性疾病（肥胖、冠心病、脑血管疾病、癌症、骨质疏松和骨折）、过早死亡等。

二、如何选择适于少年儿童的保健食品

少年儿童处于体格发育和智力发育的关键时期，与成人相比，婴幼儿需要相对更多的营养素和能量，以保证其生长发育的需要。随着我国国民经济的持续快速发展，城乡居民生活水平不断提高，我国少年儿童存在的主要营养问题是由于膳食不平衡、不良饮食（喂养）习惯、户外活动较少等原因所导致的营养过剩、多种微量营养素缺乏、营养不良等，其中以大城市尤为突出，而营养不良仍然是贫困地区少年儿童的突出营养与健康问题之一。根据我国少年儿童生长发育的特点和我国保健食品组方、功能评价、安全性评价等审评、审批的有关要求，保健食品相关法规明确规定：抗氧化、缓解体力疲劳、辅助降血脂、辅助降血糖、改善睡眠、辅助降血压功能保健食品的不适宜人群为"少年儿童"；祛痤疮、祛黄褐斑功能保健食品的不适宜人群为"儿童"。家长在选择适合少年儿童的保健食品时，应在少年儿童合理营养、平衡膳食、适当增加户外运动时间和强度的基础上，参照产品标签说明书中保健功能、适宜人群、不适宜人群和注意事项等内容，根据孩子的需要，必要时咨询专业人士，科学地选择适当地保健食品作为孩子健康成长的有益补充。

1. 改善记忆力的保健食品 对于少年儿童，与记忆有关的物质主要有蛋白质、脂类（$\omega - 3$ 长链不饱和脂肪酸）、维生素（维生素 C、维生素 E 及 B 族维生素）、矿物质（钙、铬、锌等）等，处于学习阶段的少年儿童适当地补充改善记忆力的保健食品有利于孩子的成长。

2. 缓解视疲劳的保健食品 少年儿童一方面面临着繁重学业，

另一方面，由于长时间看电视、玩电脑和游戏机，严重损害他们的视觉功能。少年儿童用眼过度时会感到眼睛发涩、灼热，鼻根酸胀或有异物感，有的人还会出现眼球胀痛、头痛甚至眩晕，严重时影响他们的学习成绩以及心身健康。家长可以在控制孩子看电视、玩电脑时间的同时，适当增加孩子的户外活动时间，加强眼睛保健。必要时，按照产品说明书的要求，选择适宜的保健食品，对视疲劳进行辅助调节。

3. 促进排铅的保健食品　目前在一些地区铅污染很严重，少年儿童是铅中毒的易感人群。少年儿童铅中毒往往是慢性的，主要是家庭室内装修、烧煤、吸烟、汽车尾气以及饮水污染等造成的。铅中毒主要影响少年儿童的神经系统发育，表现为智力发育受损、体格发育缓慢、学习记忆力下降等；铅可以影响铁等元素吸收，导致缺铁性贫血。因此，存在铅中毒危险的少年儿童可以选择促进排铅的保健食品，加速体内铅的排出。

4. 改善生长发育的保健食品　少年儿童正处于生长发育阶段，除遗传因素外，少年儿童的发育是机体与外环境共同作用的结果。在我国农村特别是西部地区少年儿童蛋白质摄入不足，微量营养素缺乏导致生长发育迟缓；城市的少年儿童主要是因为挑食和偏食造成营养不良，缺乏适当的体育锻炼，出现体质虚弱，阻碍了少年儿童的生长发育。选择改善生长发育的保健食品时，家长也要遵循孩子缺什么营养素补充什么的原则，任何营养补充都有适当的剂量，过量或者不足均起不到良好的作用。

5. 改善营养性贫血的保健食品　大多数国家贫血都是常见的营养缺乏病，我国5岁以下儿童和青春发育期的女孩是贫血的高危人群。2002年我国5岁以下儿童贫血患病率达到了18.8%，农村显著高于城市，贫血的儿童在体格发育和智能行为方面会出现异常。因此预防和改善贫血状况尤为重要。

此外，由于不科学的饮食或喂养习惯、生活习惯、少年儿童自然生长发育过程等引起的免疫力低下、多种微量营养素缺乏等也是影响少年儿童健康成长的重要原因，如儿童的缺铁以及因缺铁引发的缺铁性贫血以及维生素 A、钙和维生素 D 的缺乏等。家长在给孩子选用保健食品时，应该因人而异，根据孩子的需要进行选择，必要时要咨询专业人士。

三、如何选择适于孕妇、乳母的保健食品

孕期和哺乳期妇女是处于特殊生理状态的人群，孕期妇女的营养状况对妊娠结局以及婴儿出生后的健康状况至关重要。孕期需特别关注的营养素主要有叶酸、碘和铁，孕期妇女的贫血是最常见的疾病。哺乳期妇女营养状况不仅对婴儿的正常生长发育非常重要，而且也会影响到母亲本人近期的生理调整和远期的健康状况。乳汁分泌的数量和质量与母亲的营养密切相关。适用于孕妇或乳母的保健食品主要有促进泌乳、增加骨密度（选用）、改善营养性贫血、调节肠道菌群、促进消化功能和通便功能的保健食品。而辅助降糖、减肥功能、改善睡眠、祛痤疮、改善皮肤水分、改善皮肤油分的保健食品不适宜孕期和哺乳期妇女或者慎用。

1. 改善营养性贫血的保健食品　2002 年全国孕期妇女贫血率为 28.9%，高于发达国家报道的 13% 贫血率，随妊娠时间的进展，贫血率增加，农村显著高于城市。缺铁性贫血不仅危害孕妇自身健康，也

会导致胎儿体内铁储存减少。因此强调孕妇补铁不仅有利于孕妇本身的健康，而且更重要的是可预防胎儿、婴儿缺铁。贫血程度较重时，若不及时纠正，有可能增加流产、早产、低体重儿甚至死胎的发生率，婴幼儿时期也容易发生缺铁性贫血。孕中期贫血的孕妇，发生早产的危险是正常孕妇的2倍。正常产妇产后出现贫血多为孕期贫血的延续，同时还受分娩时出血量的影响，我国产妇和乳母的贫血率仍然较高。2002年全国乳母贫血率达到30.7%。尽管城乡乳母的铁摄入量没有明显差异，但是城市乳母铁补充率为农村的2倍，因此城市乳母贫血率低于农村。孕妇和乳母的营养需要均高于一般成年妇女，按照《中国居民膳食指南》中孕期和哺乳期妇女膳食原则和要求，做到平衡膳食，合理营养，定期监测血红蛋白水平，发生贫血及时补充铁剂或选择改善营养性贫血的保健食品。

2. 增加骨密度的保健食品 孕妇对各种营养素的需求增加，以满足自身和胎儿生长发育的需要，钙是矿物质中需要量增加最多的微量营养素。由于我国居民传统膳食中缺少富含钙的食品，孕妇钙摄入量仅达到建议量的30%~40%。妇女孕期缺钙，将会引起体内多种生理功能发生变化，血清钙的降低可使神经兴奋性增高而出现腓肠肌痉挛，同时由于骨骼中的钙被动流失导致骨质疏松，引起孕妇腰腿疼痛和腓肠肌痉挛（俗称小腿抽筋）；特别是到了妊娠后期，胎儿生长速度加快，骨骼矿化达高峰，更容易造成孕妇钙营养不良，引发多种妊娠并发症，并且低钙对母体的影响大于胎儿。哺乳期间，乳母每天通过乳汁丢失的钙约为262mg，持续哺乳6个月的乳母会丢失50g钙，孕期通过胎盘转运至胎儿的钙达到30g，因此重建母体的钙储备，可以降低生育后女性发生骨质疏松的潜在危险。所以，孕期应增加富钙食物的摄入量或在医生指导下补充钙剂。中国营养学会妇幼分会在2001年提出补钙建议，建议每日饮奶至少250ml，以补充约300mg的优质钙，摄入 100g 左右的豆制品和其他富钙食物，可获得约 100mg 的钙，加上膳食中其他食物的钙，摄入量可达到约 800mg，剩余不足部分可增加饮奶量或用钙剂补充。

3. 调节肠道菌群、促进消化功能、有通便功能的保健食品 孕早期女性会出现早孕反应，食欲不振、胃纳减退、恶心、呕吐等症状，有的反复呕吐，进食即吐，甚至不能进食，导致体内电解质紊乱，需要及时采取治疗措施。早孕反应的孕妇应多吃富含蛋白质、微量元素和维生素的食物，膳食清淡，易消化。补充 B 族维生素可以减轻反应。孕妇很容易发生便秘，可多摄入蔬菜和水果，保持大便畅通，减少孕期的不适，必要时可选择通便功能和调节肠道菌群的保健食品作为辅助。

4. 促进泌乳的保健食品 孕妇分娩后，雌激素水平发生变化，乳汁开始分泌。孕期和哺乳期间妈妈应该保持良好的情绪和营养状态，为乳汁分泌做好充足准备。分娩后，乳母尽量早开奶，让新生儿吸吮乳头，建立泌乳条件反射。我国乳母日常膳食中某些营养素与建议量还有一定差距，尤其是通过日常膳食难以满足多种微量营养素的需要，额外补充成为必要，尽管膳食中某种营养素含量虽然达到或超过推荐量，但是由于生物利用率较低，也需要额外补充。

四、如何选择适于中老年人的保健食品

中老年人内脏系统均有不同程度的衰老，以中老年人消化功能的改变而言，首先是牙齿的松动和脱落，这就会影响他们的咀嚼和消化功能；其次是味觉系统功能减退，所以中老年人喜爱较咸的食物。中医认为，肾主骨生髓，齿为肾之余。牙齿的变化，说明了肾气的衰弱。而肾主先天，说明来源于先天物质的消耗和匮乏。五味中的咸味入肾，对咸味的嗜食，说明了机体内在的肾的需求，即机体需要以味

的厚重来补充肾的匮乏。同时，中老年人唾液、胃酸和消化酶分泌减少，因此中老年人食欲变差。由于胃的运动功能减退，蠕动减少，肌肉萎缩，故胃的消化排空较慢，因而也易于发生胃扩张，也因食糜滞留易致在胃内发酵，发酵食物进入肠管，发酵产生的气体也在结肠充气，则容易在腹部两侧发生疼痛。食糜在升结肠以后通过更慢，故有时在横结肠处可触及粪块。中老年人有的直肠肌肉也常萎缩，张力减退，故容易便秘，也容易脱肛。

以上这些消化吸收功能的改变，中医以脾胃论。脾胃乃后天之本，人体气血津液的来源，实为生存之本。中老年人脾运不健，受纳和运化功能较差，容易产生纳呆、食后饱胀、排便失常（便秘或泄泻）等，在形体上易出现胖而不健，肌肤失濡，因而弹性变差。中老年人消化吸收功能减退，各系统的生理功能也有不同程度的改变，如内分泌功能衰退，新陈代谢过程减慢，以分解代谢为主；机体抵抗力降低，免疫功能减弱等。这些生理活动的改变，决定了中老年人对营养的特殊需求。在饮食营养保证上述所提的各种需要的基础上，中老年人可以服用这样一些保健食品，以针对性地调节自身功能：一是具有抗氧化功能的，二是具有增强免疫力功能的，三是具有改善胃肠道功能的（包括调节肠道菌群、促进消化、通便、对胃黏膜有辅助保护作用）。

1. 具有抗氧化功能的保健食品　随着年龄增加，中老年人自身功能减退，内环境稳定能力与应激能力下降，全身脏腑组织的生理功能衰退，人体代谢过程氧化还原反应中形成的自由基，可引起机体一系列衰老症状。研究证明，人体的抗氧化系统是一个可与免疫系统相比拟的、具有完善和复杂的功能的系统，机体抗氧化的能力越强，就越健康，生命也越长。因此，抗氧化最终达到的效果是延缓衰老，改善生活质量，降低老年病发生的风险。

2. 增强免疫力的保健食品　免疫力是人体与生俱来的最好的医

生，对人体起着防护、自稳和监视的作用。中老年人免疫系统功能降低，抵抗力下降。机体免疫力下降则不能正常发挥免疫功能，对细菌、病毒等病原微生物的抵抗能力降低而容易引起感冒、肝炎、结核等感染性疾病，还容易形成疾病的迁延不愈。中老年人食用增强免疫力的保健食品正是一种安全的增强免疫力、改善亚健康的有效措施。

3. 改善胃肠道功能的保健食品　进入老年后，随着年龄的增长，消化系统功能逐渐减退，牙齿松动和丢失，牙龈萎缩，唾液与咀嚼能力下降，胃酸减少，食欲减退，胃黏膜易损伤；肠道发生退行性变化，肠管肌肉逐渐萎缩，肠道蠕动与消化、吸收能力下降，肠道黏液分泌减少，排便时腹肌无力，不能用力将肠道中的粪便排出体外等，常常发生一些疾病，如浅表性胃炎、消化不良、便秘、肛裂、痔疮等，因此可选择食用可调节肠道菌群、促进消化、通便、对胃黏膜有辅助保护作用的保健食品。

五、如何根据职业选择保健食品

不同职业人群，由于所从事的工作不同，其新陈代谢特点、生理状况及生理需求也会不同，在满足均衡膳食的基础上，适量服用适宜的保健食品，对健康会带来有益的影响。

（一）脑力劳动者的营养保健

人的大脑是产生思维和意识的中枢，被誉为运筹帷幄的最高司令部。大脑结构复杂、任务繁忙、新陈代谢十分旺盛，对能源物质的取舍也有明显的选择。脑力劳动者对能量、糖类、蛋白质、脂类以及矿物质、维生素的需要量均高于普通人群。脑细胞工作时，需要大量氧气和能量。大脑对血糖极为敏感，一定的血糖浓度对保证人脑的复杂工作是十分重要的。蛋白质在大脑中含量最高，脑细胞在代谢过程中需要大量的蛋白质来补充更新。增加食物中的蛋白质含量，能增强大脑皮层的兴奋和抑制作用，而且蛋白质中的一些氨基酸还能消除脑细胞在代谢中产生的氨的毒性，有保护大脑的作用。脂类可以促进脑细胞发育和神经髓鞘的形成，并保证其维持良好的功能，有助于增强记忆力。矿物质和微量元素在脑中含量的变化影响着脑和神经系统的功能。维生素是提高智力活动的重要营养素之一。维生素 C、B 族维生素、维生素 E 等对保证神经系统的正常功能、维持脑细胞活力等有重要作用。

脑力劳动者膳食中应摄入充足的碳水化合物以维持大脑活动的能量需求。此外，适当选用富含 DHA、α－亚麻酸、卵磷脂、鱼油等成分的保健食品，有助于维护脑功能，增强记忆力。如膳食中营养素摄入量不足，可选择富含蛋白质的保健食品及有针对性地选择营养素补充剂。此外，具有辅助改善记忆、缓解体力疲劳、增强免疫力、缓解视疲劳等功能的保健食品也可适当选用。

（二）运动员的营养保健

运动时机体代谢水平升高，热能消耗增加，激素效应、酶反应过程活跃，同时产生了大量酸性代谢废物堆积在体内，使机体内环境受到破坏。所以，要排除这些废物就必须利用饮食中的营养素，如多喝水可加速体内代谢产物排出体外。适宜的营养保健有助于保证运动员的健康及运动能力的提高，促进其对训练的适应性和消除疲劳。在运动中，体内矿物质和微量元素的代谢均可能发生变化。对维生素的需要量也会增加。对糖和蛋白质的需要量也增加。在补充糖时，要选择多糖和多种形式糖类同时补充。

运动员还要根据不同的运动项目结合自身生理特点以及膳食摄入量等情况，在遵循上述基本原则的基础上，有针对性地进行营养保健。

运动员在摄入均衡膳食的前提下，可根据生理需要适量选用营养素补充剂、具有补充电解质和维生素的运动饮料、富含蛋白质和糖类的保健食品，以及具有缓解体力疲劳、增强免疫力功能的保健食品。

（三）上夜班、暗室操作人员和计算机作业人员的营养保健

体力劳动的特点是以肌肉、骨骼的活动为主，体内物质代谢旺盛，需氧量多，能量消耗大，各种营养素需求量增加。而随着社会的不断发展和进步，社会分工也越来越细，各种新的职业也随之不断地涌现。每一种职业因其工作内容、工作环境的不同，均有其各自的特点。而营养保健是一种个性的关爱，从事不同职业的人员的饮食保健也都应有其各自不同的特点。

上夜班、暗室作业工作多在人工照明或光亮度低的环境中从事生产、工作或生活，有些夜班人员由于体内生物钟（昼夜周期）的改变，不能适应新的时间节奏，机体代谢也会发生一些改变。暗室作业人员因工作环境的不同也可以分为不同的工种，但在营养保健方面共同的一点就是注意保护视力。

上夜班的工人劳动强度高，能量消耗大，应注意蛋白质的补充。眼球视网膜上的视紫质由蛋白质合成，如蛋白质缺乏，就会导致视紫质合成不足，进而出现视力障碍。上夜班眼睛容易疲劳，而维生素 A 参与调节视网膜感光物质——视紫质的合成，能提高人体对昏暗光线的适应能力。维生素 B_1、维生素 B_2 是参与包括视神经在内的神经细胞代谢的重要物质，当维生素 B_1、维生素 B_2 缺乏时，眼睛会出现干涩、结膜充血、发炎、怕光、视力模糊、易疲劳等症状，甚至发生视神经炎。维生素 C 是眼球晶状体的重要营养成分，摄入不足易患晶状体混浊性白内障和角膜炎。微量元素中有 4 种对眼睛的影响极大。锌能增加眼睛神经的敏感度，锌摄入不足时锥状细胞的视素质合成就会出现障碍，从而影响眼睛分辨颜色的能力。硒是维持视力的一种重要微量元素。钼能保证眼睛看清景物。铬能影响胰岛素的调节功能。钙和磷可使巩膜坚韧，如钙和磷缺乏，眼睛就容易疲劳、注意力分散，

易形成近视。故应增加以上维生素及微量元素的摄入。

计算机作业人员长期坐在计算机前，不仅身体因机器辐射而受到伤害，而且由于长时间注视电脑屏幕，眼睛也会受到不同程度的损伤，视力受到影响。由于工作的原因，从事计算机工作的人精神总是高度紧张、大脑疲劳。

在满足均衡膳食的基础上，可根据职业特点适量选用营养素补充剂、富含蛋白质的保健食品以及具有辅助改善记忆、缓解视疲劳、缓解体力疲劳、增强免疫力等功能的保健食品。例如，可以选择以蓝莓、叶黄素等制成的保健食品缓解视力疲劳。此外，富含纤维素和富含氨基酸的保健食品可改善精神紧张、情绪易激动的症状，能使精力充沛、理解力增强、注意力集中，可适当选用。

（四）铅作业人员的营养保健

铅是一种多亲和性毒物，可与人体中蛋白质、酶、氨基酸的功能团结合。

环境中的铅可经过各种途径进入人体，其中最主要的途径是随食物进入消化道。铅在体内蓄积到一定程度时，可引起神经系统、循环系统和消化系统发生病理改变，并导致慢性铅中毒。如能合理调配饮食，适当服用保健食品，则可避免或减轻铅在体内的蓄积。

应注意选用富含优质蛋白质、低脂高糖、少钙多磷的食品。低脂高糖食品可抑制铅的吸收并保护肝脏。要有控制地食用少钙多磷的食品，钙磷比例应为1：8，最好选择正常钙磷比例、高钙高磷比例或多钙少磷比例的食品交替食用。还应增加维生素的摄入。一般认为在满足每日需要量的基础上，成人每日额外增加150mg维生素C，可改善铅中毒症状，促进生理功能的恢复。B族维生素可防止铅中毒，维生素C可与铅合成抗坏血酸盐，它是一种不溶解物质，可随粪便排出，从而减少对铅的吸收。维生素K和维生素B_1可减少铅对神经系统和造血功能的损害。大蒜的有机成分能结合并除去铅离子。水果中的果胶类物质可使肠道中的铅沉淀。

富含蛋白质的保健食品对铅作业人员较为适合。适当增加锌、钙、铁的摄入量，可与铅发生拮抗和取代作用。此外，维生素 C、B 族维生素、维生素 K 的制剂也能在体内与铅发生拮抗作用或减少铅的吸收。此外，铅作业人员可选择有促进排铅和对化学性肝损伤有辅助保护功能的保健食品。

（五）汞作业人员的营养保健

汞对人的危害比较严重，在生产环境中或因不恰当使用含汞药或吸入高浓度汞蒸气，都会引起急性中毒。

少量金属汞经口腔进入胃肠道，自粪便排出，无中毒危险。汞蒸气吸入血液后与蛋白质的巯基具有特异的亲和力，巯基是许多重要生物活性酶的活性中心，汞与巯基结合可使酶失去活性，因而对神经系统有明显的毒害作用，还可表现为口腔炎。

汞作业人员应补充足量的蛋白质、维生素，选择低脂饮食，尤其是富含优质蛋白质的食品或保健食品。因为这类食品中含蛋氨酸较多，在体内可转变成含巯基的胱氨酸和半胱氨酸，与汞结合可使体内含巯基的酶免受其害。多补充富含 B 族维生素的食品或营养素补充剂，可增加食欲、改善造血功能、促进神经系统功能的恢复。多补充富含维生素 C 的新鲜蔬菜水果或保健食品，每日应比常人多增加 100mg 左右的摄入量，对保护口腔黏膜和防治汞中毒性口腔病变有一定效果。汞作业人员应忌食含类脂质的食品或保健食品，因为汞易溶于脂质，可以通过含有类脂质的细胞膜作用于内脏和神经系统。

汞作业人员宜选择富含蛋白质、维生素 C、B 族维生素的保健食品或营养素补充剂，富含果胶的保健食品以及对化学性肝损伤有辅助保护功能的保健食品等。

（六）接触放射性物质作业人员的营养保健

放射性物质或放射性器械在应用中所产生的 γ 射线、β 射线、α 射线、X 射线等，都对机体有直接的损伤作用。射线的能量能直接破坏机体组织的蛋白质、核蛋白及酶等，还可造成神经、内分泌系统的调节障碍，使机体物质代谢紊乱。如果射线作用于高级神经中枢，还能产生功能调节的异常，使蛋白质的分解代谢增加，抑制酶的活性，破坏酶蛋白的结构等。由于射线的危害，使得长期接触它的作业人员经常出现头痛、头晕、恶心、呕吐、白细胞下降和贫血等症状。

这类人员应摄入高蛋白，尤其是优质蛋白质，使机体处于蛋白质营养良好的状态，从而增强机体对射线的抵抗力，同时，也可以及时补充因放射性损害所引起的组织蛋白质的分解。足量的维生素，尤其是补充维生素 B_1、维生素 B_6、维生素 C 和维生素 A，可促进细胞间质的形成，稳定体内酶系统的功能，对抵抗射线的影响亦有较好效果。长期接触放射性物质的人员还应压缩日常生活中脂肪的摄入量，并提高脂肪中不饱和脂肪酸的比例。平时要多吃富含玉米胚油、花生油、棉籽油、豆油的食品，也可常食紫菜、海带等含碘丰富的食品，以保持甲状腺的功能。还应多饮绿茶或以绿茶为原料的保健食品，以加快体内放射性物质的排泄。

宜选择富含蛋白质的保健食品，营养素补充剂、对辐射危害有辅助保护功能的保健食品。

（七）高原工作者

长期在高原工作的人，应选用富含蛋白质的保健食品，同时应适量服用营养素补充剂，以增强抗病能力。大量的维生素 C 可以预防高原病，以每日 200mg 为宜。维生素 A 应大于 3mg，钙 1000mg 以上，还应适当补充维生素 B_1、维生素 B_2、维生素 B。此外，还可以选择以红景天等制成的可以提高缺氧耐受力的保健食品。

第三节
了解标签说明书信息合理选择保健食品

一、保健食品标签、说明书介绍

保健食品说明书是对产品、生产等相关信息的介绍，是经国家监管部门批准的，内容包括产品名称、引言、原辅料、功效成分或者标志性成分及含量、保健功能、适宜人群、不适宜人群、食用量及食用方法、规格、保质期、贮藏方法、注意事项、生产企业名称、生产许可证编号（进口保健食品除外）、生产企业地址、电话、邮政编码。

保健食品标签是指保健食品包装上的文字、图形、符号及一切说明物，包括保健食品标志、批准文号、规格、净含量、生产日期、生产批号以及说明书的内容。进口保健食品标签还应标注原产国或地区区名，以及在中国境内的办事机构或代理机构的名称、地址和联系方式。

保健食品包装应当按照规定印有或者贴有标签，产品最小独立销售包装应当附有说明书，如果标签上内容包含了说明书全部内容，可不另附说明书，保健食品说明书和标签中对应的内容应当一致。

保健食品说明书和标签是指导消费者正确食用产品的依据，其内容是经国家监管部门批准的，必须与已批准的内容一致，并符合国家有关法律法规等的规定。保健食品说明书标签应当以规范的汉字为主要文字，可以同时使用汉语拼音、少数民族文字或外文，但应当与汉字内容有直接对应关系，且书写准确，不允许大于相应的汉字，进口保健食品应当有中文说明书和标签。标签不允许与包装物（容器）分离，说明书和标签中与生产日期、保质期相关项目不允许以粘贴、剪切、涂改等方式进行修改或者补充。

保健食品说明书和标签中不得标注下列内容：

- 明示或者暗示具有预防、治疗疾病作用的内容。
- 虚假、夸大、使消费者误解或者欺骗性的文字或图形。
- 未经注册的商标和未经批准的保健食品名称。
- 不得使用已经批准注册的药品名称。
- 封建迷信、色情、违背科学常识的内容。
- 法律法规和标准规范禁止标注的内容。

下面就保健食品说明书标签具体内容逐一介绍。

（一）产品名称

产品名称是经国家监督管理部门批准的，是产品允许使用的唯一合法名称。产品名称由三部分内容组成，即品牌名、通用名和属性名，如一二三牌四五六胶囊，"一二三"即品牌名，"四五六"即通用名，"胶囊"即属性名。

（二）引言

引言是对该产品的概括介绍，内容包括所用主要原辅料、验证试验项目及本产品所具有的保健功能，其中保健功能与验证试验项目有一定的对应关系（表3-1）。

表3-1 保健功能与验证试验项目对应表

保健功能	试验项目
辅助降血脂	动物试验及人体试验
辅助降血糖	动物试验及人体试验
抗氧化	动物试验及人体试验
辅助改善记忆	动物试验及人体试验

续表

保健功能	试验项目
促进排铅	动物试验及人体试验
清咽	动物试验及人体试验
辅助降血压	动物试验及人体试验
促进泌乳	动物试验及人体试验
减肥	动物试验及人体试验
改善生长发育	动物试验及人体试验
改善营养性贫血	动物试验及人体试验
调节肠道菌群	动物试验及人体试验
促进消化	动物试验及人体试验
通便	动物试验及人体试验
对胃黏膜损伤有辅助保护功能	动物试验及人体试验
缓解视疲劳	人体试验
祛痤疮	人体试验
祛黄褐斑	人体试验
改善皮肤水分	人体试验
改善皮肤油分	人体试验
增强免疫力	动物试验
改善睡眠	动物试验
缓解体力疲劳	动物试验
提高缺氧耐受力	动物试验
对辐射危害有辅助保护功能	动物试验
增加骨密度	动物试验
对化学性肝损伤有辅助保护功能	动物试验

（三）原辅料

【原辅料】是将产品中所用到的原料、辅料（包括色素、香料、软胶囊皮、包衣剂等组成成分）按先原料、后辅料的顺序全部列出。原辅料名称应当使用法定标准名称规范书写，应当与批准的原辅料名称保持一致。经特殊处理的原辅料需注明，如原料经辐照灭菌的，在该原料后括号内注明"经辐照"；有些原辅料中含有的成分对某类人群可能造成危害的，应予以注明，如阿斯巴甜中含有苯丙氨酸，苯丙酮尿症患者不宜食用含苯丙氨酸成分的食品，阿斯巴甜后括号内应注明（含苯丙氨酸）。因此，消费者在选用保健食品时，应注意查看【原辅料】项，检查是否含有不适合本人的成分。

（四）标志性成分及含量

【标志性成分及含量】代表该保健食品中含有的一种或几种具代表性或标志性的成分名称及含量，该项内容一般出现在功能类保健食品中，表示为：每100g（或ml）含××（成分名称）××g（成分的量）。如【标示性成分及含量】每100ml含原花青素100mg，总黄酮80mg。

（五）功效成分及含量

【功效成分及含量】代表产品中所含有的与保健功能有直接对应关系的一种或几种成分的名称及含量，该项内容一般出现在营养素补充剂产品中，列出的成分及含量与保健功能有对应关系，即表示具有补充所列成分的保健功能，通常表示出最小食用单元（如每片、瓶、粒等）的产品所含该成分的名称及含量。如【功效成分及其含量】每片含：Ca 200mg，Fe 5mg，Zn 5mg。

（六）保健功能

【保健功能】列出的是该产品所具有的全部功能作用，保健功能名称必须按照国家监管部门批准保健功能名称规范书写，不能超出范围或夸大功能作用。当前国家食品药品监督管理总局批准的保健功能共有27项，规范的名称为：增强免疫力、缓解体力疲劳、辅助降血压、辅助降血脂、辅助降血糖、改善睡眠、缓解视疲劳、促进排铅、对辐射危害有辅助保护功能、调节肠道菌群、通便、增加骨密度、抗氧化、改善皮肤水分、改善皮肤油分、促进生长发育、促进泌乳、清咽、辅助改善记忆、提高缺氧耐受力、改善营养性贫血、对化学性肝损伤有辅助保护功能、促进消化、对胃黏膜有辅助保护功能、祛痤疮、祛黄褐斑、减肥。营养素补充剂产品按照保健食品进行管理，以"补充××营养素"为保健功能，不允许宣传具有其他保健功能。随着科学的进步和社会的发展，国家监管部门需对保健功能名称进行增/删调整，以适应人们健康的需要。

产品的保健功能是根据产品配方、科学文献、功能学试验确定的，有些原料规定了仅允许在某些保健功能中使用，如果【原辅料】中列出了限定保健功能的原料，宣称的保健功能不能超过限定的范围（表3-2）。

表3-2　原料（剂型）与说明书部分内容的对应表

原料	不适宜人群	食用量及食用方法	规格	注意事项
芦荟	少年儿童、孕妇、乳母及慢性腹泻者	每日2g以下（以原料干品计）		食用本品后如出现腹泻，请立即停止食用
熟大黄、何首乌、决明子等含蒽醌类	少年儿童、孕妇、乳母及慢性腹泻者	药典下限		食用本品后如出现腹泻，请立即停止食用
辅酶 Q_{10}	少年儿童、孕妇、乳母、过敏体质人群	每日不超过50mg		服用治疗药物的人群应向医生咨询

续表

原料	不适宜人群	食用量及食用方法	规格	注意事项
核酸类	痛风患者、血尿酸高者、肾功能异常者	每日推荐食用量为 0.6~1.2g		
不饱和脂肪酸		每日不超过 20ml	以每日食用量定量包装	不得加热烹调
油脂			以每人每月的食用量为宜，最大包装不超过 600ml	
酒剂		每日不超过 100ml	注明酒精度，酒精度不超过 38 度	
营养素补充剂		每日颗粒剂不超过 20g，口服液不超过 30ml		不宜超过推荐量或与同类营养素补充剂同时食用
褪黑素		推荐食用量为 1~3mg/d		从事驾驶、机械作业或危险操作者，不要在操作前或操作中食用；自身免疫病（类风湿等）及甲状腺功能亢进患者慎用

续表

原料	不适宜人群	食用量及食用方法	规格	注意事项
大豆异黄酮	少年儿童、孕妇和哺乳期妇女、妇科肿瘤患者及有妇科肿瘤家族病史者			不宜与含大豆异黄酮成分的产品同时食用，长期食用注意妇科检查
红花	孕产妇、月经过多者			
含激素物品	少年儿童			
灵芝	少年儿童			
人参	少年儿童			
西洋参	少年儿童			
蚂蚁				过敏体质者慎用
花粉				花粉过敏者慎用
蜂产品				蜂产品过敏者慎用
阿斯巴甜（含苯丙氨酸）				苯丙酮尿症患者慎用
红曲	少年儿童、孕妇、乳母	每日 2g，总洛伐他汀不超过 10mg		本品不宜与他汀类药物同时使用
蜂胶		$0.2 \sim 0.6g$		蜂产品过敏者慎用
补硒产品		不高于 $100 \mu g/d$		高硒地区人群不宜食用
含铬产品		不高于 $250 \mu g/d$		

原料及限定的保健功能：

（1）核酸类为主要原料生产的保健食品的功能申报范围暂限定为增强免疫力功能。

（2）以褪黑素为原料生产的保健食品申报的保健功能范围暂限定为改善睡眠功能。

（3）以超氧化物歧化酶（SOD）为原料的保健食品申报的保健功能范围暂限定为抗氧化功能。

（4）辅酶 Q_{10} 用于保健食品其功能应限定为缓解体力疲劳、抗氧化、辅助降血脂、增强免疫力。

（5）以酒为载体生产的保健食品不得申报辅助降血脂和对化学性肝损伤有辅助保护功能。

（七）适宜人群、不适宜人群

【适宜人群】项下的人群，是指适宜食用该保健食品的人群；【不适宜人群】项下的人群，是指不适宜食用该保健食品的人群。适宜人群、不适宜人群是根据产品的研发思路、传统和现代医学理论、配方中各原辅料食用安全性研究和应用现状、保健功能、产品的安全性研究资料等综合确定的，是指导消费者正确选择、安全食用保健食品的关键。产品说明书标签中的适宜人群、不适宜人群范围不能超过国家批准的内容和相关规定。

保健食品注册审批时，少年儿童、孕妇、乳母通常作为特殊人群予以考虑。适宜人群、不适宜人群项下列出的"少年儿童"，通常指18岁以下人群；孕妇及哺乳期妇女不包含在成人范围内。营养素补充剂产品，适宜人群是根据《我国居民膳食营养素参考摄入量》的划分标准以年龄段表示，如 1～3 岁、4～6 岁、11～13 岁等；孕妇分为孕早期、孕中期、孕晚期妇女。

国家监管部门针对保健功能的特性等发布了适宜人群、不适宜人群的相应规定（表 3－3）。

表 3 - 3　保健功能及相对应的适宜人群、不适宜人群表

保健功能	适宜人群	不适宜人群
增强免疫力	免疫力低下者	
抗氧化	中老年人	少年儿童
辅助改善记忆	需要改善记忆者	
缓解体力	易疲劳者	少年儿童
减肥	单纯性肥胖人群	孕期及哺乳期妇女
改善生长发育	生长发育不良的少年儿童	
提高缺氧耐受力	处于缺氧环境者	
对辐射危害有辅助保护功能	接触辐射者	
辅助降血脂	血脂偏高者	少年儿童
辅助降血糖	血糖偏高者	少年儿童
改善睡眠	睡眠状况不佳者	少年儿童
改善营养性贫血	营养性贫血者	
对化学性肝损伤有辅助保护功能	有化学性肝损伤危险者	
促进泌乳	哺乳期妇女	
缓解视疲劳	视力易疲劳者	
促进排铅	接触铅污染环境者	
清咽	咽部不适者	
辅助降血压	血压偏高者	少年儿童
增加骨密度	中老年人	
调节肠道菌群	肠道功能紊乱者	
促进消化	消化不良者	
通便	便秘者	
对胃黏膜有辅助保护功能	轻度胃黏膜损伤者	
祛痤疮	有痤疮者	儿童
祛黄褐斑	有黄褐斑者	儿童
改善皮肤水分	皮肤干燥者	
改善皮肤油分	皮肤油分缺乏者	
营养素补充剂	需要补充者	

国家监管部门针对保健食品中所用原料的特性等发布了适宜人群、不适宜人群的相应规定（表3-2）。

原料与适宜人群、不适宜人群的相应规定：

（1）以芦荟、熟大黄、何首乌、决明子等含蒽醌类药材为原料的保健食品，不适宜人群应增加少年儿童、孕妇、乳母及慢性腹泻者。

（2）以红花为原料的保健食品，不适宜人群中应增加孕产妇、月经过多者。

（3）以辅酶Q_{10}为原料的保健食品，不适宜人群应增加少年儿童、孕妇乳母、过敏体质人群。

（4）以灵芝、人参、西洋参及含激素的物品（如蜂王浆）等为原料的保健食品，不适宜人群应增加少年儿童。

（5）以大豆异黄酮为原料的保健食品，不适宜人群应增加少年儿童、孕妇和哺乳期妇女、妇科肿瘤患者及有妇科肿瘤家族病史者。

（6）红曲类保健食品，不适宜人群增加少年儿童、孕妇、乳母。

（7）核酸（类）保健食品不适宜人群应注明"痛风患者、血尿酸高者、肾功能异常者"等。

（八）食用量与食用方法

【食用量与食用方法】表述的是适宜人群每日食用该保健食品的量和具体的食用方法，先描述的是食用量，后描述的是食用方法（包括食用前的调制、勾兑等方法），即标示出每日食用次数和每次食用量。一般标示为：每日××次，每次××量（量可用"克、毫升或粒、片、支、瓶、袋、匙"等）；如不同的适宜人群需按不同食用量服用时，食用量应按适宜人群分类标示。

产品每日食用量是根据产品配方、功能学试验、毒理学试验、中国居民膳食营养等情况综合确定的，每个产品标示出的食用量是确定的值，避免采用范围值或以"酌减"、"半片"等含糊用语表述，不能超量食用。食用方法一般为口服，保健食品不允许使用舌下吸收剂型以及喷雾剂；同一产品原则上不得使用两种剂型或分别成型；使用缓释制剂的应有充分的依据证明其必要性并保证剂型的食用安全。

保健食品中的原辅料，有的规定了需限量食用，【原辅料】中的原辅料有限制食用量和食用方法的要求（表 3 – 2），每日食用量及食用方法不得超过相关规定。如：①不饱和脂肪酸类保健食品食用方法不得加热烹调，每日推荐食用量不超过20ml。②核酸的每日推荐食用量为 0.6 ~ 1.2g。③褪黑素的每日推荐食用量为 1 ~ 3mg。④芦荟的食用量控制在每日 2g 以下（以原料干品计），以芦荟凝胶为原料的除外。⑤辅酶 Q_{10} 每日食用量不宜超过 50mg。

（九）规格

【规格】标示的是每个食用单元的产品的量，便于定量食用，以
××g/片（或粒或袋）、××ml/瓶（或支）表示。常用的表示方法：

- 液体形态的保健食品，一般用体积表示，单位为毫升或 ml。
- 固态与半固态保健食品，一般用质量表示，单位为毫克、克或 mg、g。
- 有些形态的保健食品，规格项有特殊的规定，应符合国家相应的规定。①不饱和脂肪酸类保健食品应以每日食用量定量包装。②酒剂应注明酒精度，酒精度不超过 38 度。③油脂类保健食品包装规格应以每人每月的食用量为宜，最大包装不超过 600ml。④益生菌类保健食品以 106cfu/ml（g）表示等。

（十）保质期、贮藏方法

【保质期】表示该保健食品生产后安全食用的时间范围，是根据产品的稳定性和产品质量可控性确定的，即保质期内可保证产品质量。通常以月为单位计，如 24 个月；不足 1 个月的以天计，如 14 天。为保证食用安全性，消费者应核对生产日期及保质期，在保质期内食用保健食品。

【贮藏方法】注明该保健食品安全的存放方式或贮藏条件。需要

特殊条件下贮藏的产品，应详细列出贮藏条件，如需冷藏等。消费者购买保健食品后，应按照该项要求存放。

（十一）注意事项

【注意事项】注明的是食用该保健食品需要注意的事项。所有保健食品均应注明"本品不能代替药物"，即所有保健食品均不能代替药物用于治疗疾病，不得宣传以治疗疾病为目的；营养素补充剂是以补充维生素、矿物质为目的的，应注明"不宜超过推荐量，或与同类营养素同时食用"，即不能同时食用含有同类营养素的多个产品。

保健食品的原辅料或保健功能，有的规定了特殊的注意事项，【原辅料】中的原辅料、【保健功能】中的功能名称有特殊的要求，【注意事项】还应注明国家相应的规定（表3-2）：①以褪黑素为原料生产的保健食品应注明从事驾驶、机械作业或危险操作者，不要在操作前或操作中食用和自身免疫疾病（类风湿等）及甲状腺功能亢进患者慎用。②以芦荟、熟大黄、何首乌、决明子等含蒽醌类药材为原料的保健食品须注明"食用本品后如出现腹泻，请立即停止食用"。③以蚂蚁为原料的保健食品须注明过敏体质者慎用。④以辅酶 Q_{10} 为原料的保健食品应注明服用治疗药物的人群食用本品时应向医生咨询。⑤以蜂胶等蜂产品为原料生产的保健食品应注明蜂产品过敏者慎用。⑥以花粉为原料生产的保健食品应注明花粉过敏者慎用。⑦红曲类保健食品应注明本品不宜与他汀类药物同时使用。⑧以大豆异黄酮为原料的保健食品应注明不宜与含大豆异黄酮成分的产品同时食用，长期食用注意妇科检查。⑨补硒产品应增加高硒地区人群不宜食用。⑩核酸（类）保健食品应注明"痛风患者、血尿酸高者、肾功能异常者慎用"。⑪配方中加入了营养素［维生素和（或）矿物质］的保健功能类保健食品应当注明本品添加了营养素，与同类营养素同时服用不宜超过推荐量。消费者在选用保健食品时，应特别关注该项内容。

（十二）生产企业信息

生产企业名称、生产许可证编号（进口保健食品除外）、生产企业地址、电话、邮政编码。注明了生产企业的联系方式及相关信息。

二、如何根据功能声称选择保健食品

（一）功能声称的定义

保健食品的功能声称是对某种保健食品与人体健康关系的描述，通常这种描述应当具有科学依据并恰如其分，不夸大，不延伸。例如：增加骨密度产品，其功能声称不能扩大延伸描述为：预防骨折、防治关节痛、腰痛等。

我国规定所有营养素补充剂不标示功能作用声称，不描述其与健康的关系，而仅仅标示其具有补充某种或几种营养素的功能。

（二）确定一种功能食品的功能声称应遵循以下基本原则

1. 充分的科学依据 保健食品是否具有某种功能作用，首先应由国家认可的有资质的实验室进行动物和（或）人体试食实验，其次应了解并获得国内外其他研究单位对同类产品或产品组分的研究结果，必要时应具有人群的流行病学调查或人群干预研究结果。在判定是否具有某种功能作用时一般需要对上述两方面的信息和资料综合评估后确定。

2. 功能声称要准确、真实 我国对保健食品的功能声称做了明确的规定，共27项，原则上不得超出该范围。为了使功能声称更加准确真实，一般要求保健食品应具有明确的功效成分，并且其功能作用已被国内外实验室证明。

（三）我国保健食品允许的功能声称

我国规定的27项功能声称依据其功能作用大体分为两类，一类为降低疾病（尤其是与生活方式有关的慢性疾病）风险的功能声称；

另一类为调节平衡机体的生理功能和免疫能力，增强体质的功能声称。此外，市场上还有在这27项之外的功能声称，例如延缓衰老、抗突变等，系卫生部期间批准注册的。目前此类功能声称依然有效，但将在清理换证工作中被取消或规范。

通常，一种保健食品有一项功能声称。声称两项功能时，往往两项功能作用关联性较强。消费者应根据自身情况选择合适的保健食品。

（四）消费者如何根据功能声称选择保健食品

消费者在选择保健食品时，应当考虑自身的实际情况如年龄、饮食状况、健康状况（包括疾病史、近期临床化验结果等），结合保健食品的功能声称做出正确的选择，而不应盲目地随意服用保健食品。

（1）具有各种亚健康症状的人群，可根据自身情况服用具有相应功能声称的保健食品，如身体易疲劳人群可选用缓解体力疲劳类保健食品，记忆力减退者可选用辅助改善记忆类保健食品，睡眠不佳者可选择改善睡眠功能产品，消化不良或便秘者可选用促进消化和通便功能的保健食品。

（2）中老年人同时伴有血脂、血糖等生化指标偏高倾向的人群，适宜服用辅助降血脂、辅助降血糖功能声称的保健食品；伴有体质虚弱、易感冒、免疫力低下、衰老症状明显者，适宜服用抗氧化、增强免疫力功能声称的保健食品。

（3）中老年妇女，由于雌激素水平降低、骨钙丢失加速，易发生骨质疏松，适宜补充钙剂和服用增加骨密度功能声称的保健食品。

（4）中青年妇女因膳食不平衡或内分泌失调而引起黄褐斑或痤疮者，适宜服用祛黄褐斑、祛痤疮功能声称的保健食品。

（5）孕妇因怀孕可致营养性贫血，产妇也可因多种因素发生泌乳量不足，适宜服用改善营养性贫血功能和促进泌乳功能声称的保健食品。

（6）接触有毒物质或有害环境者，如在辐射环境下和铅污染环境下工作生活，过量食用某些食物如酒精者，适宜服用：对辐射危害有辅助保护功能、促进排铅作用和对化学性肝损伤有辅助保护功能声称的保健食品。

（7）在高海拔地区和氧稀薄环境下的工作者，对缺氧应急能力下降者，适宜服用提高缺氧耐受力功能声称的保健食品。

（8）我国规定营养素补充剂不得标示其功能声称，但需标示补充配方中含有的维生素矿物质。由于各种原因引起的食物摄入不足或摄入不平衡者或营养素消耗较多者可适当食用营养素补充剂。儿童、妇女尤其是绝经后妇女、老年人可适当补充钙和维生素 D；儿童、孕产妇可适当补充铁、钙、锌、硒和维生素 B_{12}，中老年人可适当补充抗氧化剂，如维生素 B_1、维生素 B_2、维生素 B_6、维生素 C、维生素 E、硒、铬、锌、铁和钙。

（五）根据功能声称选择保健食品应注意的问题

（1）市场上同一种功能声称的保健食品可能有多个品牌，每个品牌产品配方原理、原料使用量均不尽相同。在选择保健食品时，应结合产品特点，选择适于自身状况的产品。

（2）有些保健食品其功能声称虽然不同，但它们对人体的生理功能调节作用可能存在部分交叉和重叠，即保健功能之间有较强的关联性，为了区别和正确选择这些保健功能关联性很强的保健食品，消费者首先应当准确了解自己的身体状况和存在的主要问题，其次要了解保健食品的配方原料品种和主要功效成分，然后抓住主要矛盾做出正确的选择。

例如减肥功能和辅助降血脂功能，应区分几种情况，做出不同的选择：①消费者单纯性肥胖，体质好年纪轻时，可选择减肥功能产品，并注意膳食的控制和增加运动量，当体重减轻后，血脂也可能随之降低。②老年人体质较差，肥胖同时有血脂高倾向者，可首先选择有辅助降血脂功能的保健食品，同时配合饮食控制和适度增加活动量。③肥胖同时具有血脂高倾向，体质较好，有较好的耐受性者亦可同时选择以上两种保健食品。

三、如何根据功效成分（标志性成分）选择保健食品

（一）保健食品功效成分（标志性成分）的定义

保健（功能）食品通用标准（GB 16740）将功效成分定义为：能通过激活酶的活性或其他途径，调节人体功能的物质。主要包括多糖类、功能性甜味剂类、功能性油脂（脂肪酸）类、自由基清除剂类、肽与蛋白质类、活性菌类、微量元素类及其他等。对功效成分尚不明确的，以其所含主要成分作为标志性成分。目前比较公认的是将其大致分为蛋白质、氨基酸及其衍生物、功能性碳水化合物、功能性油脂、维生素及矿物质、功能性植物化学物、益生菌及其发酵制品、其他等几类。

其他几类保健食品功效成分之前有较多论述，本节主要探讨如何根据植物化学物来选择适宜的保健食品。

（二）植物化学物简述

植物化学物（phytochemical）常指非营养素的其他植物生物活性物质，是指植物生长过程中产生的对人体健康有特定作用的非营养型有机化学物质。

植物是人类食物的主要来源，一般可食植物都含有蛋白质、脂类、碳水化合物、维生素、矿物质等营养物质；除了上述基本营养素，植物中还含有对人体健康起特殊作用的多种化合物。植物化合物种类繁多，在植物王国分布广泛。据统计，自然界中含有多达6万~10万种植物化合物，有些存在于特定的植物种属中，有些在不同的种属中均有存在，而有些植物则含有多达1万种以上的植物化合物。

（三）保健食品中主要植物化学物

目前保健食品可用原料中涉及的植物化学物多达成千上万种，根据其化学结构，目前已经批准的保健食品中所含的植物化合物主要分

为下述类别。糖和苷类（单糖、多糖及其与苷元组成的苷），如低聚糖、活性多糖、芦荟苷等；苯丙素类（含一个或几个 $C_6 \sim C_3$ 结构），如阿魏酸、绿原酸等；醌类化合物，如大黄素、辅酶 Q_{10} 等；黄酮类化合物（两个具有酚羟基的苯环通过中央三碳原子连接），如芦丁、橙皮苷等；萜类和挥发油（异戊二烯聚合体及其衍生物），如熊果酸等；甾体（具环戊烷骈多氢菲结构），如植物甾醇等；类胡萝卜素，如番茄红素、叶黄素、虾青素等。

1. 低聚糖 低聚糖，又称寡糖，是由 3~9 个单糖经糖苷键缩聚而成的低分子糖类聚合物。由于人体肠道内没有水解这些低聚糖的酶，因此它们经过肠道时不能被消化而直接进入大肠，可以优先被肠道内的双歧杆菌利用，能够使大肠内的双歧杆菌有效地增殖，从而促进人体健康。目前，保健食品中常用的低聚糖有大豆低聚糖、低聚果糖和菊粉。

（1）大豆低聚糖：大豆低聚糖是大豆中可溶性糖类的总称，是一种功能性甜味剂，能替代蔗糖应用在功能食品或低热量食品中，在成熟大豆中含量最高，约占10%。大豆低聚糖主要来源为生产大豆分离蛋白和大豆浓缩蛋白的副产物乳清中，作为食品添加剂被广泛应用于食品中。

由于人体内缺乏半乳糖苷酶，水苏糖、棉籽糖不能被消化酶分解，可被肠道内的双歧杆菌充分利用，促进双歧杆菌生长繁殖，同时产生的有机酸可降低肠道 pH，抑制外源性致病菌和肠道内固有真菌的生长繁殖，减少肠道内腐败物质生长和积累，从而改善肠道菌群分布。大豆低聚糖还可直接作用于脾淋巴细胞和 NK 细胞，促进脾淋巴细胞的转化，提高 NK 细胞的杀伤活性，增强机体免疫力。

大豆低聚糖作为保健食品功效成分（标志性成分）申报的保健功能包括通便、调节肠道菌群、增强免疫力等。

（2）低聚果糖：低聚果糖又名寡果糖，是果糖、葡萄糖、蔗糖、蔗果三糖、蔗果四糖、蔗果五糖等的混合物，是广泛存在于蔬菜、水果、蜂蜜等物质中的天然活性成分，可因所用原料、酶和加工工艺的不同其组分含量有所不同。因其优越的生理功能和理化特性，低聚果糖被广泛应用于食品和药品中。

低聚果糖自身较难被消化道中的消化酶所降解，人体摄入后可使肠道内有益菌数量增加 10 ~ 100 倍，同时产生的有机酸可降低肠道 pH，抑制外源性致病菌和肠道内固有真菌的生长繁殖，减少肠道内腐败物质生长和积累。通过增殖益生菌，可产生大量免疫物质；刺激肠道免疫细胞，增加抗体数量，从而增强机体的免疫能力。

低聚果糖作为保健食品功效成分（标志性成分）申报的保健功能包括改善胃肠道功能、润肠通便、改善肠道菌群、增强免疫力等。

（3）菊粉：菊粉分布很广，在自然界中超过 36 000 种植物中含有菊粉。包括双子叶植物中的菊科（如菊芋、菊苣和大丽花）、桔梗科、龙胆科、萝摩科、金虎尾科、半边莲科、报春花科、紫草科等及单子叶植物中的百合科（如韭菜、洋葱、大蒜和芦笋）和禾本科等。其中以菊芋和菊苣种菊粉的含量最高。菊粉是主要由 β－1，2－D 键连接的聚合果糖，聚合度为 30 ~ 60 的混合物，平均聚合度为 10，末端有一葡萄糖。

人体胃和小肠不能水解菊粉，可直接被大肠内的有益微生物优先利用，如双歧杆菌、乳酸菌等。使肠道的 pH 偏酸性，从而抑制了肠道中病原菌和腐败菌的生长，减少了有毒发酵产物的形成，对有毒发酵产物具有吸附螯合作用，可清除腐败产物和细菌毒素，促进双歧杆菌增殖，改善肠道微环境。

菊粉能降低血液中胆固醇和甘油三酯的含量，降低体内低密度脂蛋白浓度，减少脂肪吸收，降低血脂，减少心血管疾病的危害。

由于菊粉特定的化学结构，可在胃中吸水膨胀形成高黏度胶体，延长胃排空时间，增加饱腹感，因而有利于降低体重。

菊粉作为保健食品功效成分（标志性成分）申报的保健功能包括改善胃肠道功能、调节肠道菌群、辅助降血脂、增强免疫力、减肥等。

2. 活性多糖 多糖分为纯多糖和杂多糖两类，纯多糖一般由10个以上的多糖通过糖苷键连接而成，可为直链结构，也可有支链结构。杂多糖除含糖链外，还可含有肽链和（或）脂类成分。多糖主链糖单元的组成决定了多糖的种类。不同种类的多糖，其生物学活性存在较大的差异。

多糖种类很多，包括真菌多糖和植物多糖。

植物活性多糖来源广泛，包括人参多糖、大枣多糖、黄芪多糖、地黄多糖、枸杞多糖、杜仲多糖、女贞子多糖等，它们的分子构成及分子量各不相同，功效也有差异。

真菌多糖是从真菌子实体、菌丝体、发酵液中分离出来的一种活性多糖，具有广泛的药理活性。目前已被广泛开发利用的活性真菌多糖有灵芝多糖、香菇多糖、猴头菇多糖、银耳多糖、茯苓多糖等。

活性多糖作为保健食品功效成分（标志性成分）申报的保健功能包括增强免疫力、改善记忆、辅助降血糖、对辐射危害有辅助保护功能、改善胃肠道功能、抗氧化、改善睡眠、对化学性肝损伤有辅助保护功能等。

3. 多不饱和脂肪酸 脂肪酸是一类由碳氢组成的烃类基团联结羧基所构成的羧酸化合物，是脂肪的主要组成部分，也是人体所需的重要营养素之一。根据结构不同，脂肪酸分为饱和脂肪酸和不饱和脂肪酸，其中不饱和脂肪酸又分成单不饱和脂肪酸和多不饱和脂肪酸两种，后者含有两个或两个以上双键，在人体内不能合成，属必需脂肪酸。多不饱和脂肪酸多存在于海洋动物油、海藻、植物油等物质中。

根据不饱和脂肪酸分子的甲基端起第一个不饱和双键所连接的碳原子在碳链中的位置不同，可把不饱和脂肪酸分为 $n-3$、$n-6$、$n-$

7、n−9 等几种，其中具有重要生物学功能的是 n−3、n−6 两大系列。n−3 多不饱和脂肪酸属长链不饱和脂肪酸，主要包括 α−亚麻酸、二十碳五烯酸（EPA）、二十碳六烯酸、二十二碳六烯酸（DHA），除 α−亚麻酸主要来源于植物油外，其余来源于海洋生物或深海鱼类，如沙丁鱼、鲑鱼、青鱼、鲭鱼等。n−6 系列多不饱和脂肪酸主要包括亚油酸、γ−亚麻酸和花生四烯酸。主要来源于植物油，包括月见草油、红花油、玉米油、葵花油、小麦胚芽油、亚麻籽油等。

多不饱和脂肪酸对脑组织生长发育至关重要，在脑组织形成过程中发挥重要作用。有研究发现，多不饱和脂肪酸能通过营养中枢神经，促进大脑的发育。

多不饱和脂肪酸可促进粪便中类固醇和胆酸的排泄，防止体内胆固醇的合成和吸收，改善脂蛋白中脂肪酸的组成，从而起到降血脂的作用。

此外，多不饱和脂肪酸还具有抗脂质氧化等作用。

多不饱和脂肪酸作为保健食品功效成分（标志性成分）申报的保健功能包括辅助降血脂、辅助降血压、增强免疫力、抗氧化等。

4. 黄酮类物质　黄酮类化合物又称为生物黄酮或植物黄酮，属于多酚类物质，具有多个酚羟基，可结合糖苷类等物质，是植物生长过程中产生的一些次级代谢产物，广泛存在于水果、蔬菜、谷物、树皮、根、茎、叶、花等植物组织中，几乎所有植物的所有组织均含有不同的黄酮类物质。目前已发现有 5000 多种植物中含有黄酮类化合物，种类已达 8000 种以上。按其化学结构的不同，黄酮类物质大致可分为黄酮类、黄酮醇类、黄烷酮类、二氢黄酮醇类、异黄酮类、查耳酮类、花色素类等。

黄酮类化合物的抗氧化作用主要表现在降低自由基的产生和清除自由基两方面，如芦丁、槲皮素清除超氧阴离子和羟自由基的作用强于标准自由基清除剂维生素 E。

黄酮类化合物还可通过影响细胞的分泌过程、有丝分裂及细胞间的相互作用而发挥抗免疫作用；通过影响内分泌系统起到辅助降血糖作用。

黄酮类化合物作为保健食品功效成分（标志性成分）申报的保健功能包括缓解体力疲劳、增强免疫力、提高缺氧耐受力、抗氧化、辅助降血压、辅助降血脂、辅助降血糖、减肥、对化学性肝损伤有辅助保护功能等。

5. 大豆异黄酮 大豆异黄酮属于异黄酮，主要存在于大豆、扁豆、蚕豆等豆类植物中，是大豆生长过程中形成的一种次级代谢产物，是大豆及其制品中含有的多个酚羟基的一类多酚类化合物的总称。主要分布在大豆种子的子叶和胚轴中。

大豆中的异黄酮共有 12 种，可以分为 3 类，即黄豆苷类、染料木苷类、黄豆黄素苷类。以游离型、葡萄糖苷型、乙酰基葡萄糖苷型、丙二酰基葡萄糖苷型等 4 种形式存在。其化学结构与哺乳动物雌激素 17 - β 雌二醇相似，都有一对羟基且羟基具有相似的距离以及存在一个酚环，这种结构的相似，决定了大豆异黄酮具有一定的雌激素活性，可以和内源性雌激素受体（ER）结合，而表现出类似雌激素样的作用。

大豆异黄酮具有抗氧化作用，可通过猝灭自由基、影响抗氧化酶活性、降低膜的流动性、抑制脂质过氧化、抑制 UV 辐射诱导的氧化应激和凋亡的生物学改变、增加抗氧化蛋白的表达等机制发挥抗氧化活性，减轻氧化作用对血管内皮细胞的损伤，并能改善高脂营养所致体内异常的过氧化状态，减轻对机体的过氧化损伤。

大豆异黄酮具有雌激素样作用，能够选择雌激素受体与之结合从而发挥增加骨密度作用。研究表明摄入大豆异黄酮可以减少骨的再吸收而对绝经期妇女的骨流失有保护作用。

大豆异黄酮作为保健食品功效成分（标志性成分）申报的保健功能包括增加骨密度、抗氧化、增强免疫力、祛黄褐斑等。

6. 多酚类物质 植物多酚是多羟基酚类化合物的总称，又叫单宁、鞣质，是植物的次生代谢产物，广泛存在于自然界中的水果、蔬菜、各种香辛料、谷物、豆类及果仁等物质中。

多酚类物质是指化学结构上有多个—OH 的物质，分子内含有多于一个或几个苯环相连的羟基化合物。多酚类物质就其化学结构的不同，可分为单（聚）体（多聚体的组成单体）和多聚体（亦称单宁）两大类。

植物多酚能够有效清除体内的自由基，具有抗氧化的生物活性。多酚类物质能够有效抑制血浆和肝脏中胆固醇的上升，起辅助降血脂的作用。

多酚类作为保健食品功效成分（标志性成分）申报的保健功能包括增强免疫力、对辐射危害有辅助保护功能、辅助降血脂、清咽、辅助降血压、减肥、提高缺氧耐受力、对化学性肝损伤有辅助保护功能、抗氧化、辅助降血糖、提高缺氧耐受力等。

茶多酚是典型的多酚类物质，在茶叶（特别是绿茶）中含量较高，占茶叶干重的 30% 左右，茶叶中所含的多酚类物质共约 30 余种。

茶多酚是一类含有多酚羟基的化学物质，能清除体内过剩的活性氧自由基，具有极强的抗氧化作用。茶多酚可有效抑制低密度脂蛋白的氧化修饰。低密度脂蛋白含有大量胆固醇，有致动脉粥样硬化作用。茶多酚可通过抑制肠道内外源性胆固醇的吸收、提高 LCAT 活性和高密度脂蛋白水平、调节载脂蛋白和脂蛋白水平、加强胆固醇的代谢及促进胆固醇的排泄等机制发挥降血脂作用。

茶多酚作为保健食品功效成分（标志性成分）申报的保健功能包括辅助降血脂、增强免疫力、提高缺氧耐受力、辅助降血糖、缓解体力疲劳、改善胃肠道功能、对化学性肝损伤有辅助保护功能、减肥、清咽、对辐射危害有辅助保护功能、增加骨密度、辅助降血压、抗氧化等。

7. 洛伐他汀 洛伐他汀是人体胆固醇合成过程中的限速酶的竞争性抑制剂，能降低血浆中胆固醇、低密度脂蛋白、极低密度脂肪蛋白和甘油三酯含量，并能提高高密度脂蛋白含量，有辅助降血脂的作用。

目前有研究发现洛伐他汀有降低血压的作用。

8. 类胡萝卜素

（1）番茄红素：番茄红素是一种黄/红色类胡萝卜素，广泛存在于自然界不同的植物中，如番茄及其制品、西瓜、粉红色番石榴、粉红葡萄柚、南瓜等，且成熟度越高。番茄红素的含量也越高，植物番茄中番茄红素的含量最高。番茄红素在人体内不能转化为维生素 A。

番茄红素是多不饱和碳氢化合物，分子中有 11 个共轭和两个非共轭双键，因此番茄红素稳定性差，容易燃烧，易被氧化。番茄红素分为全反式和顺式两种结构，研究表明顺式异构体比反式结构更容易吸收。

番茄红素可以最有效地清除人体内的自由基，保持细胞正常代谢。番茄红素在体内通过消化道黏膜吸收进入血液和淋巴，分布到睾丸、肾上腺、前列腺、胰腺、乳房、卵巢、肝、肺、结肠、皮肤以及各种黏膜组织，促进腺体分泌激素，从而使人体保持旺盛的精力；清除这些器官和组织中的自由基，保护它们免受伤害，增强机体免疫力。

此外，番茄红素还可抑制胆固醇合成，对减轻皮肤受紫外线损伤等有保护作用。

番茄红素作为保健食品功效成分（标志性成分）申报的保健功能包括抗氧化、增强免疫力、辅助降血脂等。

（2）叶黄素：叶黄素是一种属于类胡萝卜素的黄色化学色素，具有增色和营养的双重功效。在自然界中主要存在于绿叶菜、橘黄色蔬菜、橘黄色水果以及蛋黄中，万寿菊的干花瓣中含有高浓度的叶黄素。叶黄素不是维生素 A 原，人体内自身不能够合成，需要依赖饮食摄取。

叶黄素分为酯化叶黄素和非酯化叶黄素两种形式，酯化叶黄素是叶黄素的一种类型，其主要化学实体是叶黄素二棕榈酸酯。1g 酯化叶黄素在肠道内会水解为 0.5g 非酯化的叶黄素。非酯化叶黄素共有 8 种异构体，以全反式为主。

在人体内，叶黄素主要作用是抗氧化，其次，作为光保护成分，叶黄素能够有效地滤除阳光中导致视网膜损伤的蓝光，防止视力退化和失明。除此之外，叶黄素可预防心血管疾病、心肌梗死、癌症等疾病，由于对过量紫外线的吸收，叶黄素对皮肤具有保护作用。

叶黄素对视网膜中的黄斑有重要保护作用，缺乏时易引起黄斑退化和视力模糊，进而出现视力退化，近视等症状。叶黄素对眼睛的主要生理功能是作为抗氧化剂和光保护作用。视神经不可再生，极易受到有害自由基的伤害，叶黄素的抗氧化作用可抑制有害自由基的形成。叶黄素可吸收大量蓝光，蓝色可见光的波长和紫外光接近，是能达到视网膜的可见光中潜在危害性最大的一种光。在到达视网膜上敏感的细胞前，光先经过叶黄素的最高聚集区，这时若视黄斑处的叶黄素含量丰富就能将这种伤害减至最小。

叶黄素作为保健食品功效成分（标志性成分）申报的保健功能包括缓解视疲劳、抗氧化和对辐射危害有辅助保护功能。卫生部批准的新资源食品叶黄素酯规定的每日摄入量小于 12mg/d 以下。

（3）虾青素：虾青素广泛存在于自然界，如大多数甲壳类动物和鲑科鱼类体内，植物的叶、花、果，以及火烈鸟的羽毛等。目前，天然虾青素的主要来源且含量极其丰富的是淡水藻、雨生红球藻和法夫酵母。虾青素可人工合成和在生物体内合成，生物体合成的虾青素大多为反式结构，动物体对人工合成的虾青素吸收能力较弱，虾青素目前被广泛应用于食品、药品、化妆品及饲料等领域。

虾青素是类胡萝卜素的含氧衍生物，属于酮式类胡萝卜素，化学名称为 $3,3'$ – 二羟基 – $4,4'$ – 二酮基 – β,β' – 胡萝卜素。虾青素分子中有很长的共轭双键，在共轭双键的末端含有不饱和酮基和羟基，构成 α – 羟基酮，这些结构具有比较活泼的电子效应，极易与自由基发生反应并清除。

雨生红球藻已被卫生部批准为新资源食品，其中所含虾青素作为保健食品功效成分（标志性成分）申报的保健功能主要为抗氧化、增强免疫力等。

9. 植物甾醇（植物固醇）　　甾醇是以环戊烷多氢菲为骨架的一种化合物。根据来源不同，一般可分为 3 大类：动物性甾醇（如胆固醇）、植物性甾醇和菌性甾醇。植物甾醇天然存在于水果、蔬菜、坚果、植物种子、谷类、豆类及其他植物性食品中，是植物细胞膜的组成成分。植物甾醇在欧洲作为食品添加剂应用，用以降低人体胆固醇。植物油是植物甾醇含量较为丰富的食品之一，其中米糠油、玉米油中的植物甾醇含量较高。

植物甾醇具有和胆固醇相似的化学结构，仅侧链不同。由于 C4 位所连甲基数目不同及 C11 位上侧链长短、双键数目的多少和位置等的差异，植物甾醇的种类很多，甾醇的双键被饱和后称为甾烷醇，酯化后称为甾醇酯，此外还以甾醇糖苷和酰化甾醇糖苷的形式存在。植物甾醇酯与游离植物甾醇相比，最明显的改变是熔点的降低。植物甾醇在不同的原料中有不同的组成成分，食物中最常见的植物甾醇包括豆甾醇、β – 谷甾醇、菜油甾醇、菜籽甾醇等。

由于结构与胆固醇相似，植物甾醇在生物体内以与胆固醇相同的方式吸收。因此，植物甾醇能阻碍胆固醇吸收，从而起到降低血液中胆固醇含量的作用。其可能机制是：抑制肠道对胆固醇的吸收，促进胆固醇的异化，在肝脏内抑制胆固醇的生物合成。其中，在肠道内防止胆固醇的吸收是最主要的方式。

植物甾醇作为保健食品功效成分（标志性成分）申报的保健功能包括辅助降血脂、增强免疫力、辅助降血糖等。卫生部批准的新资源食品植物甾醇规定的每日摄入量小于$2.4g/d$。

10. 大蒜素 大蒜素又称大蒜油，为百合科植物大蒜鳞茎中所含的一种活性成分，具有强烈的辛辣刺激味。大蒜在我国已有2000多年的种植历史，大蒜素具有多种生理功能，广泛用于医药、兽药、农药和食品添加剂、养殖业等领域。

大蒜素是由40多种硫醚化合物所组成的挥发性物质，大蒜中主要的小分子含硫化合物包括蒜氨酸、大蒜辣素、2－乙烯基－（4H）－1，3－二硫杂苯、3－乙烯基－（4H）－1,2－二硫杂苯、二烯丙基二硫醚、二烯丙基三硫醚、（E）－阿霍烯、（Z）－阿霍烯、酸硫胺等。

大蒜素作为保健食品功效成分（标志性成分）申报的保健功能有辅助降血脂等。

11. 透明质酸 透明质酸又叫玻璃酸，是一种独特的线性大分子酸性黏多糖，广泛分布于高等动物的细胞外基质、结缔组织和器官中。透明质酸以其独特的分子结构和理化性质在机体内显示出多种重要的生理功能。

透明质酸为内源性皮肤保湿因子，口服后通过外源性透明质酸的降解、吸收和体内再合成，增加体内透明质酸的含量，活化全身细胞，可促进皮肤的营养代谢，使皮肤幼嫩、光滑、祛皱，增加皮肤弹性，延缓皮肤衰老，改善皮肤水分。

透明质酸作为保健食品功效成分（标志性成分）申报的保健功能包括改善皮肤水分、抗氧化等。

12. 咖啡因 咖啡因是一种黄嘌呤生物碱化合物，是茶叶、可可、咖啡豆、可拉果等植物体中的主要生物碱，具有较强的兴奋中枢神经

系统的作用，广泛应用于医药、食品、化妆品等领域。化学名称为
1,3,7 – 三甲基 – 3,7 – 二氢 – 1H – 嘌呤 – 2,6 – 二酮 – 水合物。

咖啡因对神经系统具有兴奋作用，具有减轻实验性自身免疫性脑脊髓炎的中枢神经组织损伤，抑制神经胶质细胞肿瘤生长，镇痛、提高记忆力等功效。

咖啡因作为保健食品功效成分（标志性成分）申报的保健功能包括缓解体力疲劳、辅助降血脂、增强免疫力、对化学性肝损伤具有辅助保护作用、通便等。

四、如何根据适宜人群、不适宜人群及注意事项选用保健食品

保健食品说明书是指对产品注册审批、生产等相关信息的介绍，是指导消费者正确食用保健食品的依据，保健食品说明书中包含了适宜人群、不适宜人群、注意事项等项目，并根据以下的情况确定其内容。

1. 充分考虑人群的生理状况、生长发育阶段、不同年龄阶段的健康需求等生理因素　如减肥产品不适宜人群为"孕期及哺乳期妇女"，因孕期乳母属特殊生理状况的人群，她们食用减肥类保健食品，有导致胎儿及婴儿营养不良或流产或婴儿腹泻等安全隐患；抗氧化产品适宜人群为中老年人、不适宜人群为"少年儿童"，因在人体的生命过程中，体内的氧自由基产生过多时，能引起脂质过氧化而形成脂褐质、破坏细胞及其组成成分引起 DNA 突变、蛋白质与活性酶变性等，从而导致机体损伤，加速衰老，正常情况下，机体产生的自由基会迅速被体内的酶系统所清除，使自由基对机体的毒害作用降到较低水平，但体内酶的活性是随着年龄的增长逐渐下降的，机体消除自由基的能力也随着年龄的增长而逐渐降低，同时由于老年人抗氧化剂摄入不足，致使机体可能出现过早或过快衰老。抗氧化产品能够对抗引起机体衰老的因素从而达到保持青春的目的，故适宜人群定为中老年人，而少年儿童处于生长发育阶段，新陈代谢旺盛，清除自由基能力

强，如少年儿童出现衰老状况，一定属于疾病范畴，应及时就诊治疗，故少年儿童不需食用抗氧化功能的保健食品；促进泌乳的保健食品，其适宜人群规定为哺乳期妇女；改善生长发育产品，其适宜人群是针对生长发育期生长发育不良的少年儿童等。

2. 充分考虑产品配方中的原辅料及其配伍　如配方中有蜂王浆等含激素类物品的保健食品，不适宜人群应增加少年儿童，因为少年儿童发育尚未成熟，食用含激素的物品易导致早熟，从而影响其生长发育；含有红花的保健食品，因红花具有活血通经、散瘀止痛的作用，孕产妇、月经过多者食用此类保健食品，可能增加因活血散瘀导致的安全风险，故不适宜人群增加孕产妇、月经过多者；含芦荟原料的保健食品，因芦荟具有泻下通便的作用，孕妇、乳母食用此类食品，可能增加流产、婴儿腹泻等安全风险，慢性腹泻人群食用此类保健食品，可能会使腹泻加重，故含芦荟的保健食品，不适宜人群增加孕产妇、乳母及慢性腹泻者；含蚂蚁的保健食品，注意事项中应注明过敏体质者慎用；含褪黑素的保健食品，仅可申报改善睡眠保健功能，故其适宜人群规定为睡眠状况不佳者等。

3. 充分考虑保健食品对机体功能调节作用的机制　如铬是人体必需的微量元素，铬参与机体的糖、脂肪代谢，铬是胰岛素正常工作的辅助因子，具有恢复葡萄糖耐量的作用，缺铬可引起糖尿病，富铬的食品具有辅助降血糖功能，通过补充铬可辅助降低血糖，但补充量过量也会引起中毒，因此，对于含铬的保健食品，应根据《中国居民营养素参考摄入量》对不同人群铬的摄入量规定，增加相应的不适宜人群；硒是人体必需的微量元素，在机体内起着抗氧化等功能，硒摄入不足易增加机体衰老、免疫力低下等风险，但硒摄入过多易引起中毒反应，有些地区富含硒，故对于含硒的保健食品，注意事项中应增加高硒地区人群不宜食用；大豆异黄酮具有雌激素样作用，补充大豆异黄酮可提高女性雌激素水平，但不同年龄、性别的人群食用，会产生不同的效果，且过量食用大豆异黄酮会增加妇科肿瘤发病风险，故含大豆异黄酮的产品，适宜人群规定为成年女性，不适宜人群规定为少年儿童、孕妇和哺乳期妇女、妇科肿瘤患者及有妇科肿瘤家族病史者，注意事项中还应当注明不宜与含大豆异黄酮成分的产品同时食用等。

4. 充分考虑环境因素 如促进排铅功能的保健食品，其适宜人群规定为接触铅污染环境者，对于处于良好环境、正常饮食的人群，人体摄入过量铅的可能性较小，不需食用此类保健食品；提高缺氧耐受力功能的保健食品，其适宜人群规定为处于缺氧环境者，对于富氧地区的不群，则不需食用此类保健食品等。

5. 充分考虑产品所具备的调节机体功能的作用，以及功能学试验、毒理学试验的验证结果 如增强免疫力功能的保健食品，适宜人群为免疫力低下者；缓解体力疲劳功能的保健食品，适宜人群为易疲劳者等。

6. 充分考虑产品自身的特性 如保健食品属性为片剂或胶囊剂的，由于幼儿身体的自我保护机制还不完全，为避免婴幼儿在进食片剂或胶囊剂时容易出现进入气管或支气管，形成器官异物导致窒息等安全风险的发生，根据产品的特性，不适宜人群中会增加婴幼儿；酒剂保健食品，注意事项中注明酒精过敏者慎用，以提示消费者酒精过敏者应慎用本品等。

综上情况，消费者在选择保健食品时，根据保健食品说明书中载明的适宜人群、不适宜人群及注意事项内容选择保健食品，可遵循"简单否定、综合选用"的原则，选择适合消费者食用的产品。

"简单否定、综合选用"是指消费者在选用保健食品时，若消费者属于不适宜人群范围内的人群，则直接放弃选择该保健食品；否则，需进一步根据产品说明书中载明的其他产品信息综合确定是否选用该产品。可按以下顺序选择：

"一看不适宜人群" 首先应核实消费者的状态是否在产品说明

书【不适宜人群】范围内，若消费者属于不适宜人群范围内的人群，则不考虑选择该产品。一般情况下，少年儿童、孕妇、乳母作为特殊人群，选用保健食品时应特别注意，如【不适宜人群】中列出了"少年儿童、孕妇、乳母"，则 18 岁以下人群、孕期及哺乳期的女性应避免食用该保健食品。

"二看适宜人群"　核实消费者的状态不在产品说明书【不适宜人群】范围内后，则需进一步核实消费者状态是否在【适宜人群】范围内。若消费者属于适宜人群范围内的人群，可进入下一步的选择，否则应放弃选择该产品。如产品说明书【适宜人群】项下规定为"中老年人"，则 18 岁以下人群应放弃选择该保健食品；中老年人则可以考虑选用该产品；如【适宜人群】项下规定为"成年女性"，则 18 岁以下人群以及男性人群应避免食用该保健食品。

"三看注意事项"　注意事项注明的是食用本品需要注意的事项，所有的保健食品均注明"本品不能代替药物"，表明保健食品仅具有调节机体功能、不以治疗疾病为目的，不能代替药物的治疗作用。

选择适合自己的保健食品，可达到调节机体功能的目的；如果选择不当，可能对机体造成伤害。国家行政管理部门已针对保健功能、原辅料安全性等情况，规定了部分适宜人群、不适宜人群、注意事项内容，相关规定在前面"保健食品标签、说明书介绍"中作了详细的说明，随着科学的发展，还将有更多、更详细的规定发布。保健食品说明书、标签中的内容应当真实、可靠，必须符合国家相关规定，不得超出范围宣传，消费者选择保健食品时，必须按照保健食品说明书、标签中载明的保健功能、原辅料、适宜人群与不适宜人群、注意事项等各项内容，并结合自身状况，综合判定后选择。

五、如何选择适合的保健食品形态与剂型

保健食品的产品形态与剂型主要可分为三类，第一类是固体，如

胶囊剂、片剂（咀嚼片、含片）、颗粒剂、（滴）丸剂、散剂（粉、晶）、茶（剂）、饼干、糖果、糕等；第二类是半固体，如膏滋等；第三类是液体，如口服液、饮料、凉茶、果汁、酒剂等。

保健食品产品形态与剂型是兼顾产品配方中原料的特点及功效成分/标志性成分的理化性质、保健功能的特点和要求、食用人群的顺应性以及产品保质期的需要等影响因素，经过综合分析和研究评价确定的，以达到食用安全有效、质量稳定、利于贮存运输和携带，且食用方便的目的。其中，食用人群的顺应性和产品形态与剂型的适用人群因素是不能忽视的，其直接关乎产品的安全性、有效性和市场销售。下面分别简述各类食用人群适宜的保健食品形态或剂型。

（一）一般人群

原则上，上述三类保健食品的产品形态与剂型均适宜。根据不同剂型的特点和不同人群的需要酌情选择，如白领上班的人士、老年人外出可选择易于携带的片剂、胶囊等剂型的保健食品。

（二）少年儿童

适宜食用的保健食品形态包括：饼干、糖块、糕、粥、液体饮料、发酵乳、口服液（合剂）和需要成人帮助食用的固体饮料如颗粒剂、粉剂等，此类人群不适宜的剂型有酒剂等。其中6岁以下儿童，适宜滴剂、膏滋、口服液及散剂等，10岁以上儿童适宜片剂（包括含片、具有果味的咀嚼片）、胶囊剂（滴剂除外）。值得注意的是少年儿童在食用保健食品时，一定要在成人的帮助、呵护下按产品说明书服用，切忌过量。

（三）老年人

上述三类保健产品的形态或剂型均适合多数的老年人，尤其是粥、膏滋、茶等。对于不适宜多食糖的老年人，应慎吃糖块等含糖的保健食品。值得注意的是有吞咽障碍的人群不适合食用片剂、胶囊剂等需要吞食的保健品，牙齿不好者，一般不适宜食用咀嚼片。

（四）特殊人群

此类人群除产品形态或剂型的选择外，还应考虑个人体质、健康状况等，如患有糖尿病的人群，不适宜食用含糖或含有较大量淀粉、糊精等可在体内转化成糖的保健食品；肥胖人群，原则上也不适宜选用此类保健食品。生病期间的病人选用保健食品时，建议先咨询医生，以免干扰疾病的治疗。孕妇、乳母选用保健食品时，应认真阅读产品说明书，切忌误用或超量食用。

第四节
合理选择适宜的益生菌类保健食品

一、益生菌基本常识

（一）肠道菌群与菌群失调

益生菌家族

人和动物从一出生，就立即处于微生物包围之中，凡是与外界相通的部位，如皮肤、呼吸道、消化道、口腔、阴道等，都有微生物存在。消化道中的细菌，特别是肠道内的细菌，种类有几百种，总量100万亿个（10^{14}）。健康人肠道内寄居种类繁多的这些微生物，称为肠道菌群。肠道菌群按一定的

双歧杆菌属　　　　乳杆菌属　　　　链球菌属

比例组合，各菌种之间互相制约，互相依存，肠道中这些细菌形成了肠内微生态菌群。乳杆菌和双歧杆菌就是有益菌的家族。肠道内的正常菌群对于维持身体的健康有重要作用，其通过产生 H_2O_2、抑菌素、有机酸、二乙酰、乙醛等物质和其他因子，可有效抑制肠道腐败细菌的生长和繁殖、减少毒素，起到促进排便、改善肠功能，增强免疫力等保健功能，不同菌株其保健功能不同。

一旦机体内外环境发生变化，未被抑制的细菌乘机繁殖，从而引起菌群失调，其正常生理组合被破坏，当发生菌群失调时常引发一些疾病，如急、慢性腹泻等。

菌群失调（dysbacteriosis）是指机体某部位正常菌群中各菌种间的比例发生较大幅度变化而超出正常范围的状态，由此产生的病症，称为菌群失调症或菌群交替症（microbial selection and substitution）。菌群失调时，多引起二重感染或重叠感染（superinfection），即在原发感染的治疗中，发生了另一种新致病菌的感染。菌群失调的发生多见于使用抗生素和慢性消耗性疾病等。

（二）益生菌的定义

国际上给益生菌下的定义是：通过摄入足够数量，对宿主起有益健康作用的活的微生物，或指通过摄入或局部使用足够数量，对宿主产生一种或多种特殊并经论证有功能性健康益处的活的微生物。

随着人类对益生菌认识的加深，益生菌在保护人类肠道健康方面的重要作用已经得到了普遍认可。

（三）主要益生菌的生理功能

1. 双歧杆菌属 大多数双歧杆菌属的菌种是来自于人和动物的肠道或泌尿道以及食品如乳制品、发酵肉制品和发酵蔬菜等。双歧杆菌属的菌种主要的生理功能及作用有：改善乳糖不耐受症、维持肠道菌群、改善腹泻及便秘、增强免疫力等。

2. 乳杆菌属 大多数乳杆菌属的菌种是来自于人和动物的肠道

或泌尿道，有些菌种也存在于人乳中以及食品如酸奶等乳制品、发酵肉制品和发酵蔬菜等。乳杆菌属的菌种主要的生理功能及作用有：抑制致病菌、改善乳糖不耐受症、抗生素治疗中调节微生物菌群平衡、有助于调节免疫、减少腹泻、缓解便秘等。

3. 链球菌属　链球菌属的菌种广泛分布于自然界，从水、乳汁、尘埃、土壤、动物和人体中均可分离到。链球菌属的菌种主要的生理功能及作用有：调节免疫、调节肠道菌群、改善便秘、抑制肠道致病菌等。

二、我国保健食品可用的益生菌

调整菌群平衡最直接的方法就是补充有益菌，在日常饮食中多食用一些含乳酸菌的酸奶、奶酪等。如果口腔溃疡、腹泻、便秘等，单靠食用酸奶和奶酪不能改善，可以补充双歧杆菌、乳杆菌等益生菌制品。

根据我国"益生菌类保健食品申报与评审规定（试行）"第二条规定，益生菌类保健食品系指能够促进肠道菌群生态平衡，对人体起有益作用的微生物态产品；第三条规定，益生菌菌种必须是人体正常菌群的成员，可利用其活菌、死菌及其代谢产物。益生菌类保健食品必须安全可靠，即食用安全，无不良反应；生产用菌种的生物学、遗传学、功效学特性明确和稳定。"益生菌"的种类很少，如双歧杆菌属、乳杆菌属和链球菌属等。

（一）国际上食品用益生菌名单

根据欧洲食品和饲料协会 EFFCA（European Food and Feed Cultures Association，EFFCA）和国际乳品联合会（International Dairy Federation，IDF）共同制定的在食品中有使用历史的微生物名单（inventory of microorganisms with a documented history of use in food），青春双歧杆菌（*Bifidobacterium adolescentis*）、动物双歧杆菌（*Bifidobacterium animalis*）、双歧双歧杆菌（*Bifidobacterium bifidum*）、婴儿双歧杆菌（*Bifidobacterium infantis*）、短双歧杆菌（*Bifidobacterium breve*）、乳

双歧杆菌/动物双歧杆菌 (*Bifidobacterium lactis*/B. *animalis*)、长双歧杆菌 (*Bifidobacterium longum*) 明确为益生菌，或具益生菌性质，用于发酵乳，并明确短双歧杆菌和婴儿双歧杆菌可用于婴儿配方乳。乳杆菌属中明确为益生菌的菌种有：嗜酸乳杆菌 (*Lactobacillus acidophilus*)、卷曲乳杆菌 (*Lactobacillus crispatus*)、加氏乳杆菌 (*Lactobacillus gasseri*)、约氏乳杆菌 (*Lactobacillus johnsonii*)、副干酪乳杆菌 (*Lactobacillus paracasein*)、罗伊乳杆菌 (*Lactobacillus reuteri*)、鼠李糖乳杆菌 (*Lactobacillus rhamnosus*)、唾液乳杆菌 (*Lactobacillus salivarius*)。上述所有双歧杆菌属和大多数乳杆菌属的菌种也在美国 GRAS（general recognized as safe）名单中。

以上除双歧杆菌属的菌种，乳杆菌属嗜酸乳杆菌和罗伊乳杆菌在EFFCA/ IDF 名单是作为益生菌外，德氏乳杆菌保加利亚亚种、嗜热链球菌等菌种只作为酸奶及发酵乳的发酵剂使用，并不作为益生菌。

（二）我国可用于保健食品的益生菌

我国可用于保健食品的益生菌包括 3 个属的菌种，即：双歧杆菌属、乳杆菌属及链球菌属。

我国可用于保健食品益生菌的共性特点是：①菌种均来自人体和动物胃肠道或生殖泌尿道，或来自食品如乳制品、发酵肉制品和发酵蔬菜等。②菌种有悠久的使用历史。③菌种在世界大部分国家和地区均已使用。可用于保健食品的菌种名单见表 3 - 4。

表 3 - 4   可用于保健食品的菌种名单

菌种名称	使用开始时间（年）
双歧双歧杆菌	1970
婴儿双歧杆菌	1980
长双歧杆菌	1980
短双歧杆菌	1980
青春双歧杆菌	1991

菌种名称	使用开始时间（年）
德氏乳杆菌保加利亚亚种	1930
干酪乳杆菌干酪亚种	1970
嗜酸乳杆菌	1950
罗伊乳杆菌	1980
嗜热链球菌	1930

除表3-4所列菌种可用于保健食品外，卫生部于2010年4月22日卫生部办公厅关于印发《可用于食品的菌种名单》的通知（卫办监督发〔2010〕65号）；通过《新资源食品管理办法》审评的菌种有：2010年11月29日第17号公告的费氏丙酸杆菌和2011年1月18日第1号公告的乳酸乳球菌乳酸亚种、乳酸乳球菌乳脂亚种和乳酸乳球菌双乙酰亚种并列入卫生部《可用于食品的菌种名单》中（表3-5）。

表3-5 可用于食品的菌种名单

名称	拉丁学名
1. 双歧杆菌属	*Bifidobacterium*
①青春双歧杆菌	*Bifidobacterium adolescentis*
②动物双歧杆菌（乳双歧杆菌）	*Bifidobacterium animalis*（*Bifidobacterium lactis*）
③双歧双歧杆菌	*Bifidobacterium bifidum*
④短双歧杆菌	*Bifidobacterium breve*
⑤婴儿双歧杆菌	*Bifidobacterium infantis*
⑥长双歧杆菌	*Bifidobacterium longum*
2. 乳杆菌属	*Lactobacillus*
①嗜酸乳杆菌	*Lactobacillus acidophilus*
②干酪乳杆菌	*Lactobacillus casei*
③卷曲乳杆菌	*Lactobacillus crispatus*
④德氏乳杆菌保加利亚亚种	*Lactobacillus delbrueckii* subsp. Bulgaricus
⑤德氏乳杆菌乳酸亚种	*Lactobacillus delbrueckii* subsp. Lactis

续表

名称	拉丁学名
⑥发酵乳杆菌	*Lactobacillus fermentum*
⑦格氏乳杆菌	*Lactobacillus gasseri*
⑧瑞士乳杆菌	*Lactobacillus helveticus*
⑨约氏乳杆菌	*Lactobacillus johnsonii*
⑩副干酪乳杆菌	*Lactobacillus paracasein*
⑪植物乳杆菌	*Lactobacillus plantarum*
⑫罗伊乳杆菌	*Lactobacillus reuteri*
⑬鼠李糖乳杆菌	*Lactobacillus rhamnosus*
⑭唾液乳杆菌	*Lactobacillus salivarius*
3. 丙酸杆菌属	*Propionibacterium*
①费氏丙酸杆菌	*Propionibacterium freudenreichii*
4. 乳酸乳球菌	*Lactococcus*
①乳酸乳球菌乳亚种	*Lactococcus lactis* subsp. Lactis
②乳酸乳球菌乳脂亚种	*Lactococcus lactis* subsp. Cremoris
③乳酸乳球菌双乙酰亚种	*Lactococcus lactis* subsp. Diacetilactis

除表3-4所列菌种可用于保健食品外，表3-5所列菌种也可作为保健食品原料，并经功能学检验后确定其功能。

益生菌的功能主要以改善肠道菌群平衡、防止腹泻、缓解乳糖不耐受症状、抗感染、增强免疫力、预防食物过敏等肠道健康效应等。

（三）益生菌类保健食品的选择及注意事项

益生菌类保健食品的剂型包括食品形态、粉剂、胶囊、片剂、口服液等。普通食品形态的有发酵乳、乳酸菌饮料等。

我国目前申报和批准的含益生菌保健食品，主要为调节肠道菌群、增强免疫力和通便功能。消费者可依据已经批准的保健食品功能选择适宜自己的益生菌类保健食品。

第四章

依法维护消费者权益

随着市场经济的发展，人民生活水平的提高，"保健"成为越来越多人关注的话题。很多商家抓住消费者企盼健康的心理，通过媒体广告、宣传单、营销人员的介绍，打出"爱心理疗"、"健康咨询"、"免费体检"之类旗号标榜于市，先是施以"恩惠"，随后夸大保健食品功能的范围，或竭力鼓吹保健食品不像药品，无毒副作用和禁忌事项，向消费者明确表示或暗示保健食品有疗效，甚至向消费者承诺在短时间内即可见到明显效果，怂恿人们购买，让一批批消费者上当受骗。更有少数保健食品生产经营企业利欲熏心，在利润的驱使下，非法添加药物。市场上的保健食品之多，令人目不暇接。由于保健食品的主要消费群体又是老年人，他们对自身健康问题最为关注，但同时缺乏相关知识而防范意识相对不足，就更容易被欺骗。

与此同时我国市场经济体制不断完善，我国消费者的维权意识也在逐步觉醒，并快速发展。我们经历了从无法可依到《消费者权益保护法》出台，以及之后一系列相关法律体系的逐渐完善，这些变化改变了我们的生活节奏、生活方式，也改变着我们的价值观和思维方式。随着经济的发展和"3·15"宣传活动的深入人心，消费者权益保护意识和保护能力日益增强，维权成为促进公民自身健康和保健食品市场健康发展的重要渠道。

虽然我国是传统的养生大国，但是1996年才有关于保健食品的政策法规。保健食品还是一个新兴产业，任何新兴产业出现这样那样的问题都是正常的，我们要正视它，面对它，引导它规范健康发展。在这个发展的过程中，消费者要用好自己手中的维权之剑，提高维权意识的同时也要有一定的维权知识。

任何食品，无论是国产还是进口的食品或健康食品，宣称宣传疾病预防、治疗功能，或未经批准就宣称宣传其具有保健功能的行为，均违反《中华人民共和国食品安全法》中第四十八条和第五十一条的相关规定。对于未经批准而宣称具有保健功能的食品，其安全性、功能性、质量可控性也未得到政府部门的系统评价和审查，消费者应予以警惕和拒绝。

凡经国家食品药品监督管理总局及国家卫生和计划生育委员会批准的保健食品，才有资格使用、也必须使用保健食品标志（蓝帽子图样）和批准文号。消费者应认清标识，仔细查询，只购买具备保健食品标志（蓝帽子图样）和批准文号的保健食品。消费者使用保健食品，应首先充分读懂保健食品的标签和说明书，确认自身身体状况是否需要该产品提供的保健功能，确认自身是否符合该产品的"适宜人群"，及不属于其的"不适宜人群"，同时仔细阅读其注意事项，严格按照食用方法和食用量的规定进行食用，并注意观察身体的相关变化情况，合理安排食用的周期，必要时应咨询相关专业人士。

第一节
正确识别保健食品

当前我国正处于转轨时期，法制不健全，道德观念的滑坡等导致了当前我国假冒伪劣商品泛滥成灾。面对各种各样的新概念、新产品，消费者在选购保健食品时一定要正确识别，理性消费。

一、如何辨别真假保健食品

首先，我们要明白什么是假冒伪劣产品。假冒产品是指使用不真实的厂名、厂址、商标、产品名称、产品标识等从而使客户、消费者误以为该产品就是正版的产品。伪劣产品是指质量低劣或者失去使用性能的产品。

目前市场上的假冒伪劣保健食品存在的问题主要集中在以下几个方面：

1. 在保健食品中非法添加化学药品甚至违禁药品 对于服用保健食品的人来说，它所起的保健作用需要经过一段时间后才能显现出来。怎样才能使保健食品迅速见效呢？一些不法生产企业在保健食品中擅自添加药品，以求在短时间内取得较好"疗效"。保健食品里添加药品主要出现在减肥、调节血糖以及抗疲劳产品中。所添加的药品也是五花八门，且大多是需要在医生指导下服用的处方药。

2. 篡改、假冒保健食品批准文号 一些不法企业将普通食品批号"卫食字"擅自改为"卫食健字"或"国食健字"；有的将保健食品、保健食品批号擅自改为药品批准文号"国药准字"；还有一些将根本没有获得批准的三无产品直接冒充保健食品或药品，在包装上印制以上文号。这样，它们就披着合法的"外衣"堂而皇之地出现在消费者面前，让普通消费者无法辨认。

3. 擅自篡改包装、标签和说明书内容 有的保健食品虽然经过批准，但为了扩大市场，诱使不明真相的人购买，就在包装、标签和说明书上肆意扩大、添加产品功能，超出审批部门批准的功能范围，有的甚至添加只有药品才具有的适应证和功能主治，误导消费者。

4. 进行违法广告宣传 保健食品如果宣传得好，卖得好，在短时间内即可获得非常丰厚的利润，一些企业不考虑长远发展，而把主要精力放在广告上，大赚一笔后可能就改做其他项目了。他们虽然在包装上不夸大，但在进行广告宣传时，却肆意夸大。他们或在小报、小刊上发布虚假广告，或印制宣传手册散发给晨练的老年人，或利用营销人员举办知识讲座并免费赠送礼品等手段欺骗群众。产品功效被他们说得神乎其神，什么"一天见效"、"一疗程彻底治愈"，甚至恐吓"如果不服用那就等死"等等。

二、如何选购正规保健食品

（一）认清保健食品标志

保健食品包装或标签上方必须标有保健食品的特殊标识：一个类似蓝帽子的图案，下面有保健食品四个字。其下方为批准文号。国家食品药品监督管理总局的批准文号为：国食健字 G（J），字母 G 指国产产品，字母 J 指进口产品。或国家卫生和计划生育委员会的批准文号：卫食健字（卫食健进字）。没有图案标识和批准文号的是假的保健食品。

那么，商品包装上印有蓝帽子和批准文号就一定是真的保健食品吗？那也不一定，仍可能有假冒产品的存在。所以，消费者要提高警惕。一个比较稳妥的办法就是登录到国家食品药品监督管理总局网站数据库，输入保健食品名称或批准文号，进行查询。如查询不到，说明遇到假保健食品了。

（二）看清产品标注的适宜人群和不适宜人群

任何保健食品都规定有一定的适宜人群和不适宜人群，特别是年老体弱者、慢性病患者、儿童及青少年、孕妇，在选择保健食品时要谨慎。保健食品不是药品，不能替代药品。产品标签、说明书中适宜人群不应有相关疾病患病人群内容。

（三）看清保健食品的保健功能

保健食品不是药品，是声称具有特定保健功能的食品。国家食品药品监督管理总局批准的保健功能声称有 27 种，国家卫生和计划生育委员会原批准的保健功能声称有 22 种，可参见本书具体章节。保健食品标签上不能含有或暗示治疗作用。产品标识的功能声称必须与批准的保健功能一致。凡是超过上述保健功能范围的宣传都是违法的。

（四）不要在未经管理部门许可的场所购买保健食品

购买保健食品时应到大型的商场、超市，正规的药店、保健食品店，索要正规发票，标明保健食品名称、品牌和价格；不要参加任何以产品销售为目的的健康知识讲座、专家报告等；不要通过会议销售、电话销售、免费试用等活动，购买保健食品，以免上当受骗，危害健康。

第二节
理性对待保健食品宣传

目前用于规范保健食品生产、销售、广告的法律法规有《食品卫生法》、《广告法》、《保健食品管理办法》、《保健食品广告审查暂行规定》等。保健食品广告应当具有可识别性，能够使消费者辨明其为广告。不得以新闻报道（访谈、讲座、采访、座谈会、交流会、推介会、新闻发布会、新闻热线）等形式发布保健食品广告。与其他非广告信息相区别，不得使消费者产生误解。

保健食品广告中有关保健功能、产品功效成分/标志性成分及含量、适宜人群、食用量等的宣传，应当以国家管理部门批准的产品说明书内容为准，不得任意改变。

1. 保健食品广告不得出现下列情形和内容

（1）含有表示产品功效的断言或者保证或使用该产品能够获得健康的表述；或夸大保健食品功效或扩大适宜人群范围，明示或者暗示适合所有症状及所有人群。

（2）通过渲染、夸大某种健康状况或者疾病，或者通过描述某种疾病容易导致的身体危害，使公众对自身健康产生担忧、恐惧，误以为不使用广告宣传的保健食品会患某种疾病或者导致身体健康状况恶化。

（3）用公众难以理解的专业化术语、神秘化语言、表示科技含量的语言等描述该产品的作用特征和机制。

（4）利用和出现国家机关及其事业单位、医疗机构、学术机构、行业组织的名义和形象，或者以专家、医务人员和消费者的名义和形象为产品功效作证明。

（5）含有与药品相混淆的用语，直接或者间接地宣传治疗作用，或者借助宣传某些成分的作用明示或者暗示该保健食品具有疾病治疗的作用。

（6）与其他保健食品或者药品、医疗器械等产品进行对比，贬低其他产品。

（7）利用封建迷信进行保健食品宣传的；或宣称产品为祖传秘方的。

（8）含有无效退款、保险公司保险等内容，或有效率、治愈率、评比、获奖等综合评价内容的；含有"安全"、"无毒副作用"、"无依赖"等承诺的。

（9）含有最新技术、最高科学、最先进制法等绝对化的用语和表述的；或含有无法证实的所谓"科学或研究发现"、"实验或数据证明"等的内容。

（10）声称或者暗示保健食品为正常生活或者治疗病症所必需；直接或者间接怂恿任意、过量使用保健食品的。

保健食品广告中必须标明保健食品产品名称、保健食品批准文号、保健食品广告批准文号、保健食品标识、保健食品不适宜人群和忠告语"本品不能代替药品"。其中，保健食品标识和忠告语在电视广告中要求始终出现。

2. 违法保健食品广告的几种表现形式

（1）宣传"药效"，夸大疗效：有的保健食品广告宣传中出现了能治疗疾病的一些术语，或存在明显夸大宣传。保健食品是具有特定保健功能的食品。每个保健食品品种都有对应的保健食品功能。消费者常常因为对保健食品知识了解少，对广告所宣传的"能治病，且无毒副作用"，特别是广告中那些被高血压、糖尿病甚至是癌症等病痛缠身、生不如死患者的痛苦诉说所迷惑。

在此，我们提醒消费者，保健食品是一类特殊食品，不是药品，不能治病，大家切莫上当受骗。

（2）"患者与专家证明"现身说法：《中华人民共和国食品安全法》第55条规定："社会团体或者其他组织、个人在虚假广告中向消费者推荐食品，使消费者的合法权益受到损害的，与食品生产经营者承担连带责任。"按照《保健食品广告审查暂行规定》第八条第5款的要求，不得利用和出现国家机关及其事业单位、医疗机构、学术机构、行业组织的名义和形象，或者以专家、医务人员和消费者的名义和形象为产品功效作证明。

而部分保健食品广告多以"李大妈、张大伯患病多年，通过使用一个阶段后，如何取得显著效果；中医药专家某某博士推荐该产品效果如何信得过"等，利用医疗机构、专家和消费者的名义和形象为其产品功效作证明的形式大肆发布虚假违法广告，误导消费者。

（3）宣传"优惠、抢购、旅游"是陷阱，销售是目的：大家经常会听到自己周围的亲戚、朋友所描述的如下经历：如何通过宣传单和报刊发布的有关某某产品由于效果好，能治病，而出现现场抢购，优惠买几盒送几盒，甚至承诺买产品可免费旅游等消息，然后，鼓动消费者购买数千元的产品。由于患者苦于长期受疾病的困扰和价格优惠，不加考虑，盲目购买，待发现该产品只是普通保健食品，不是药品不能治病，方知上当。所以，只要消费者擦亮眼睛，多一点理性判断，坚信"天上不会掉馅饼"，就不会上当受骗。

（4）理性对待"健康讲座"：健康讲座本身应该是一个非常好的普及健康知识、增强大众保健意识以及提高全民健康水平的平台，也深受大众特别是中老年人喜欢的一种学习形式。但是，一些不法商家经常会利用"访谈、讲座、采访、座谈会"等形式，邀请一些貌似专家、教授和老中医，甚至大众喜闻乐见的主持人或演员通过现场说教进行推介产品，其实质上是通过健康讲座兜售保健食品。面对广告形式的讲座，大家一定要提高鉴别能力，理性对待，共同抵制这种违法广告行为。

（5）功能承诺宣传是骗局："7天平稳降血糖，4个疗程康复停药"、"1～5天……自我感觉经历充沛；15～30天……胰岛素在专家的指导下可以减量；1个疗程手足麻木……症状基本恢复；3个疗程……心脑疾病不会犯"多么诱惑的承诺。作为补充对健康有益物质的保健食品，虽然在预防疾病方面有一定的作用，但是，我们提醒消费者，切不可轻信这些虚假的信息，把治疗疾病，保证健康长寿全部寄托在保健食品上。

总之，树立良好的健康观念，选择良好的生活方式，保持平和理性的心态，才是健康的根本保证。保健食品广告中如果声称"包治百病"、"治愈率和有效率"、"安全；无毒副作用"、"用了就好"、"早用早好"、"效果值得信赖"、"相当有效"、"某产品帮你解决某病症"等内容的均属于虚假违法广告，消费者一定要注意，决不能轻信，以免上当受骗。

第三节

科学消费，依法维权

消费维权是科学消费的重要保障。消费者在保健食品消费过程中，一定要注意索取并妥善保留购物发票（凭证），以便当自身消费权益受到损害时，维权有据；要善于参与监督、识别假冒伪劣、虚假宣传的保健食品，并主动与消费维权组织联系，为维护自身合法权益、营造和谐的保健食品市场环境作出努力。

以下是维权的各种渠道，消费者可以选择适当的方式维护自己的权益。

一、向工商行政部门举报

根据《广告法》第六条的规定，县级以上人民政府工商行政管理部门是广告监督管理机关。若发现存在有严重虚假宣传的保健食品广告的可向媒体所在地的广告监督管理机关投诉或举报。

按国家工商行政管理局《欺诈消费者行为处罚办法》和最高人民法院关于贯彻执行《中华人民共和国民法通则》若干问题的意见（试行）第68条的规定，以讲座等形式销售保健食品的行为属于欺诈行为。依照《中华人民共和国消费者权益保护法》第五十条的规定，由工商行政管理部门对此类行为作出处罚。所以老年人在发现有以保健讲座等名义高价兜售保健食品的行为或者有相关线索时可以向工商行政部门举报，通过工商部门取缔该类活动。

二、向食品药品监管部门投诉

一些保健食品，违法添加禁用或限制使用的药物，在患者试用期间，表面上看起来效果很好，实际却存在很大的毒副作用，若经常使用，会衍生其他疾病。例如，有一些宣传所谓可以根治糖尿病的保健食品非法添加了药物，声称"不必控制饮食，白糖、甜食随便吃"，它不仅不能治疗糖尿病，还会由于不正确的宣传对糖尿病患者的身体造成伤害。根据《食品安全法》第五十一条的规定：声称具有特定保健功能的食品不得对人体产生急性、亚急性或者慢性危害，其标签、说明书不得涉及疾病预防、治疗功能，内容必须真实，应当载明适宜人群、不适宜人群、功效成分或者标志性成分及其含量等；产品的功能和成分必须与标签、说明书相一致。按照《食品安全法实施条例》第六十三条规定：食品药品监督管理部门对声称具有特定保健功能的食品实行严格监管。对于以讲座等形式不法销售保健食品的行为，食品药品监督部门负有监管职责，食品药品监管部门也可以会同工商、质检部门联合执法。因此，遇上这类问题，消费者也可以向当地食品药品监管部门投诉。

三、向公安机关报案

患有慢性病的老年人，因久受疾病困扰，很容易被一些欺诈式宣传所蒙蔽，轻信并使用保健食品，而有些假冒的保健食品可能具有毒副作用，食用过量，会导致死亡或残疾。这样的行为已经构成故意伤害罪。

一些保健食品宣称有名贵中草药成分，实际上所谓的冬虫夏草、人参是用萝卜干、面粉等假冒的。还有一些无良商家就是炒作概念，把本来很不值钱的中药说成可以包治百病的神药，吹得神乎其神，在讲座活动的现场制造热烈的氛围，使老年人上当受骗，这些行为达到一定金额就构成诈骗罪。

遇到保健食品销售涉嫌以上犯罪行为的，受害人可以向公安部门报案，由公安机关立案侦查，追究销售者的刑事责任。

四、向法院起诉

根据《侵权责任法》第四十七条规定：明知产品存在缺陷仍然生产、销售，造成他人死亡或者健康严重损害的，被侵权人有权请求相应的惩罚性赔偿。对于已经被工商行政部门、食品药品监督部门查获的不法分子，受害人除了可以追回自己的损失外，也可以向法院提起民事诉讼，就购买假冒伪劣的保健食品造成的其他损失提出赔偿；对于已经交由公安机关立案的刑事案件，受害人也可以提起附带民事诉讼，保障自身的权益。